云南省高等学校“十二五”规划教材

概率统计实验

主　编　郭民之

副主编　张志明　王　涛

韩俊林　李　丽

北京大学出版社
PEKING UNIVERSITY PRESS

图书在版编目(CIP)数据

概率统计实验/郭民之主编.—北京:北京大学出版社,2012.8
ISBN 978-7-301-21027-7

Ⅰ.①概…　Ⅱ.①郭…　Ⅲ.①概率统计-实验-高等学校-教材　Ⅳ.①O211-33

中国版本图书馆 CIP 数据核字(2012)第 165069 号

书　　　名:概率统计实验
著作责任者:郭民之　主编
责 任 编 辑:潘丽娜
标 准 书 号:ISBN 978-7-301-21027-7/O・0878
出 版 发 行:北京大学出版社
地　　　址:北京市海淀区成府路 205 号　100871
网　　　址:http://www.pup.cn
电　　　话:邮购部 62752015　发行部 62750672　编辑部 62752021　出版部 62754962
电 子 信 箱:zpup@pup.pku.edu.cn
印　刷　者:北京虎彩文化传播有限公司
经　销　者:新华书店
787 毫米×1092 毫米　16 开本　9 印张　224 千字
2012 年 8 月第 1 版　2020 年 12 月第 3 次印刷
定　　　价:20.00 元

前　　言

概率论与数理统计的研究对象是随机现象，而随机现象在现实世界中大量存在，这就决定了概率论与数理统计的理论和研究方法具有广泛的应用价值. 严格来说，概率论是研究随机现象及其规律性的一门数学学科，而数理统计是一门研究如何地收集、整理、分析带有随机性的数据并对考查的问题进行有效推断的一门学科，两者既有联系，也有区别. 但国内许多高校都把概率论与数理统计合为一门课程开设.

云南师范大学数学学院从 2004 年起开展概率论与数理统计校级精品课程建设，2006 年获准作为云南省省级精品课程进行建设. 经过多年的教学实践和探索，我们对该课程的教学有了自己的一些认识和理解，形成一些有别于其他兄弟院校的教学特色，例如，课堂讲授教学与计算机实验教学相结合就是一个显著特点. 目前我们对该课程采用的是“5+1”的教学模式，即平均每周 6 个学时中有 5 个学时进行课堂讲授，有 1 个学时进行计算机实验，也就是说，学生每两周要做一个 2 学时的概率统计上机实验，一学期共要做 7～8 个实验. 让学生自己动手，把课堂上学到的知识在计算机屏幕上生动地演示出来或把繁难的概率统计问题用计算机轻松解决，加深了同学对所学知识的理解，提高了学生学习该课程的兴趣，取得了较好的教学效果.

做概率统计实验可选用的统计软件有很多，如 SAS、SPSS、S-Plus、MATLAB 和 Eviews 等，虽然它们具有强大的数据分析能力，功能全面，但通常操作较为复杂，有的需要有较强的计算机编程能力，对于作为辅助专业基础课学习的计算机实验而言，这些软件显得较为复杂. 经过比较，我们选用当前极为流行且操作简单的 Excel 软件（本书采用最新版本 Excel 2010 版）来让学生进行计算机实验（同时也鼓励学生学习使用 MATLAB 等软件）. 我们认为，若能充分挖掘 Excel 软件的各项功能，特别是其中数据分析模块的诸多功能，就能完全满足本科概率统计课程的计算机实验的各项要求.

国内已经有一些统计实验教材，但它们多数侧重于统计实验方面，如假设检验、方差分析、回归分析等. 因此我们编写的这本概率统计实验教材在取材上做到了两者兼顾，使得概率实验和统计实验的个数基本持平. 结合学生实际情况，本书一共编写了 28 个实验，主要分为两个部分. 第一部分为基础实验，有 12 个实验. 这一部分的实验紧密结合教材内容，和教学进度一致，教师可从中挑选 7～8 个实验让学生完成. 第二部分为综合应用实验，目的是为了扩展和提高，有 16 个实验，供教师和学生选用. 附录部分对概率统计实验中常用的 Excel 函数命令作了介绍.

本教材中有些实验使用了动态随机数函数和滚动条等工具，可以对模拟过程进行动态演示，如频率的稳定性、二项分布与泊松分布的近似关系、经验分布函数图形的绘制与演示、高尔顿钉板试验等. 演示过程中，工作表中的数值和图形均会发生相应变化，生动且有利于学生的理解.

教材的使用对象是开设概率统计课程的师范院校及理、工院校本、专科学生及相关读者.

云南师范大学数学学院有五位老师参加了本教材的编写. 其中张志明老师编写了 3 个实验（实验九，十五，二十五），李丽老师编写了 3 个实验（实验十八，二十三，二十六），韩俊林老师编写了 2 个实验（实验十，十一），王涛老师编写了 1 个实验（实验二十），郭民之老师编写了第一章和其余 19 个实验，并负责全书的统稿工作.

由于编写时间较紧，书中存在的问题，敬请读者和同行批评指正.

目　录

第1章　Excel 2010 简介及常用函数命令

1.1　Excel 2010 介绍

Excel 是微软公司开发的一款电子表格处理软件，以功能强大、操作方便著称，它可以进行各种数据的处理、统计分析和辅助决策操作，广泛地应用于统计、管理、财经、金融等众多领域，赢得了广大用户的青睐，目前它的最新版本为 Excel 2010. 本书主要介绍如何运用 Excel 2010 的各种函数命令、图表向导及其统计分析工具在计算机上完成概率统计实验. 对本科概率统计课程上机实验的各项要求，Excel 是完全能够满足的. 概率统计实验作为学习概率统计理论和方法的重要辅助手段，用形象、直观、动态的视角加深学习者对理论知识的理解，充分发挥计算机强大的数据处理功能和作图功能，对培养学生学习兴趣，提高学生实际动手能力是有明显效果的.

对 Excel 的数据分析处理功能，不少人存在误解，认为它的统计分析能力不强，作用有限，认为做统计分析时应该使用专门的统计软件. 有这种看法的人实际上对 Excel 并不真正了解，这就好比一个人拥有了一个高档手机，但只会使用其中的通话、短信和闹钟等简单功能一样，或者说他对 Excel 的认识是初级的，仅仅知道 Excel 的一些最基本的数据操作功能. 只要你留心观察，就会发现政府部门、金融企业和证券公司中有很多 Excel 高手，每天都在和海量的数据资料打交道，从事应用和开发工作，而 Excel 就是他们使用的主要工具之一. 实际上，若能充分挖掘 Excel 软件的各项功能，特别是其中数据分析工具的诸多功能，就能解决绝大多数常见的数据分析工作. 再结合宏与 VBA 编程、Excel 环境下外挂的预测软件“Forecast X”和风险分析软件“水晶球(Crystal Ball)”等，其众多统计应用功能还能得到大大的扩展. Excel 的强大功能和多数人实际应用水平之间，存在一条鸿沟，需要统计教育工作者去填平，特别是对 Excel 2010 新功能的开发和应用，是值得我们去努力的.

和专业的统计软件相比，Excel 的优势之处在于：

(1) 接近百分之百的装机率，几乎每一台计算机都安装了 Excel 软件；

(2) 强大的数据与公式自动填充计算功能；

(3) 方便的数据编辑与透视分析功能；

(4) 灵活的单元格绝对引用与相对引用功能；

(5) 完美的图形绘制系统与丰富的内置函数功能；

(6) 最常用的数据格式和与其他统计软件的数据交换的便利性.

下面对 Excel 2010 作简要介绍：

1. 安装、启动和退出

Excel 2010 是作为微软办公套件 Microsoft Office 2010 的一个重要组件安装的. 安装完毕后，启动 Excel 的方法常用的有三种：

✍ 双击桌面上的图标；

✍ 单击【开始】按钮，选择【程序】中的【Microsoft Excel 2010】命令；

✍ 双击任何一个 Excel 工作簿文件，将自动启动 Excel，同时打开该工作簿.

退出 Excel 的常用方法是：

✍ 单击窗口中右上角【关闭窗口】按钮 .

2. 用户界面

打开 Excel 2010 工作簿后用户界面如图 1.1 所示. 通常一个打开的工作簿含有三个工作表，默认名称依次为 Sheet1、Sheet2 和 Sheet3. 可以单击 Sheet3 旁边的按钮 增加工作表，双击其中任一个(如 Sheet1)后可对其重新命名. 图 1.2 中就是这样把工作表分别命名为“投币试验”、“稳定性演示”和“掷骰子试验”. Excel 2010 的每个工作表都有 16384 列和 1048576 行，列和行分别是 Excel 2003 的 64 倍和 16 倍，足以满足存放大量数据集的需要. 每个单元格都用具体的列名和行名确定，图 1.1 中被选中的单元格就用 B3 表示；还可以用 B3:H8 来表示以 B3 为左上角单元格，以 H8 为右下角单元格的整个单元格区域.

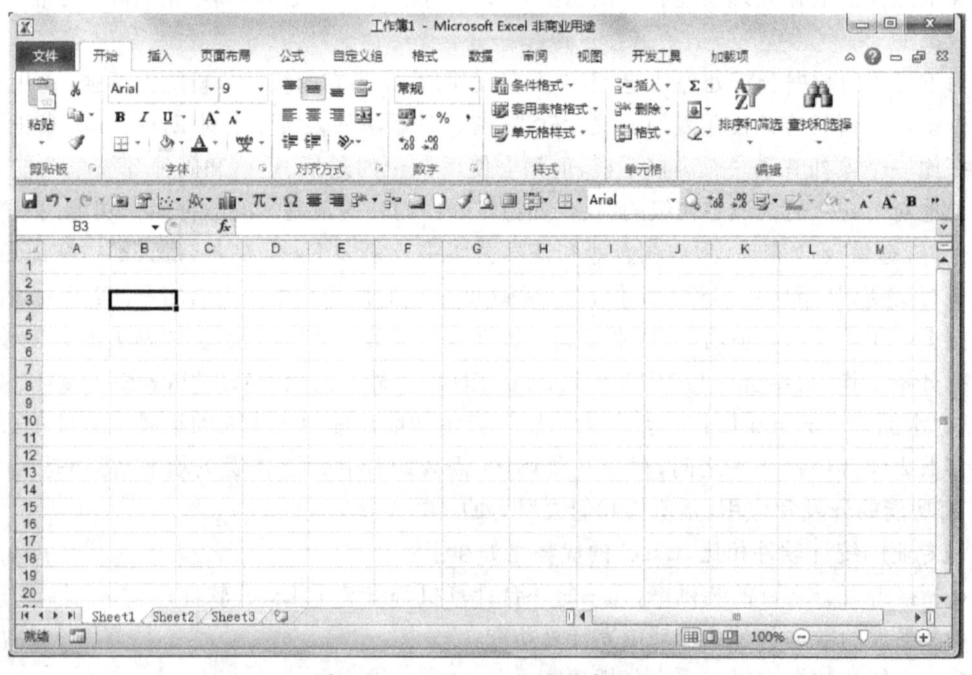

图 1.1　Excel 2010 用户基本界面

Excel 2010 工作表(以下简称 Excel 工作表)的用户界面要比 Excel 2003 丰富得多，如图 1.2 所示. Excel 工作表界面中包含的内容有：上方的【标题栏】(这里标题为“实验一　频率的稳定性”)、【选项卡】(文件，开始，插入，……)、【功能区】(是一组一组的命令集合，如“开始”功能区中就包含了字体、字号、字体颜色、复制、粘贴、格式刷等命令)、【编辑栏】(用于输入文字、编辑公式等，图 1.2 编辑栏中的公式为“＝RANDBETWEEN(0,1)”)、水平和垂直的【滚动条】(用于上下左右翻阅工作表的内容)和下方的【状态栏】等.

在 Excel 工作表中，用户可以直接双击某个单元格，使它变成当前活动单元格，然后在其中输入数据，也可以根据具体情况从外部导入数据. 比如说，将外部文本文档导入 Excel，使之成为电子表格的形式. 其他的 Excel 基本操作命令还包括：保存工作簿，复制、剪切和粘贴单元格数据，插入和删除行或列，插入和删除工作表，等等，这些基本的操作过程请参阅相关的 Excel 入门书籍.

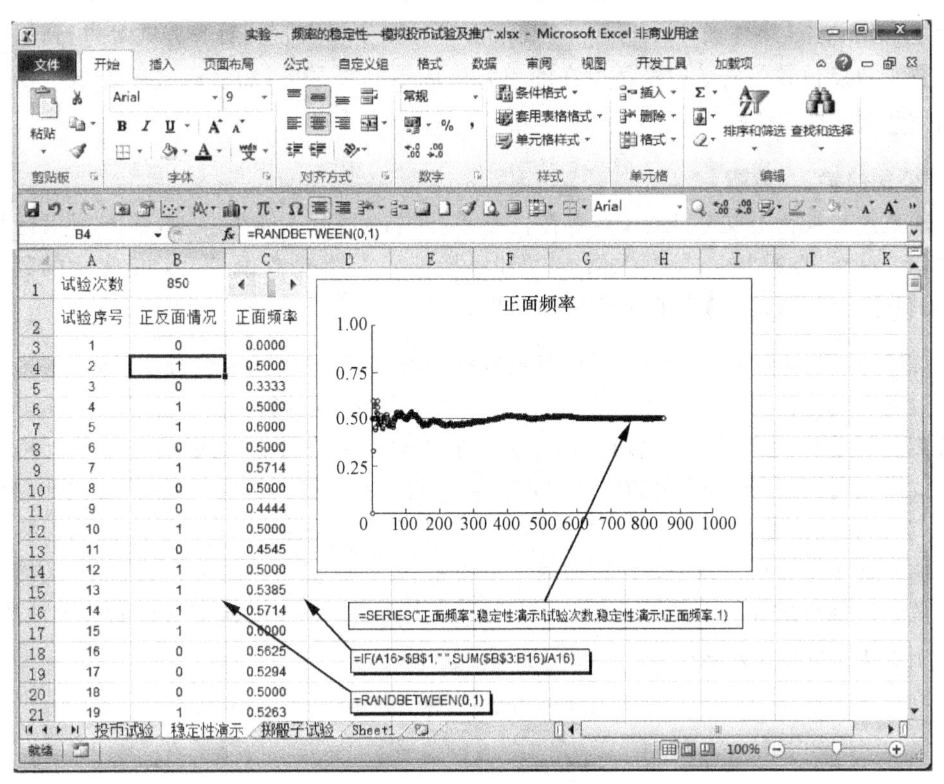

图 1.2　经过编辑操作运行后的 Excel 2010 用户界面

注意　在单元格中输入公式时，要把输入法切换成英文状态，否则这个公式不能被运行.

打开 Excel 工作表就会在功能区左侧看到醒目的【文件】选项卡，单击【文件】选项卡，可以在左侧看到六个字体较大的选项（如【信息】、【最近所用文件】等）. 选择某个选项，可以在右侧看到与该选项相关的内容，这就是 Backstage 视图. 通过 Backstage 视图，可以执行所有在工作簿内部无法完成的操作，如保存、打印、检查工作簿等. 值得一提的是 Excel 2010 将【打印】选项放进了 Backstage 视图中. 选择【打印】选项，在 Backstage 视图中不仅可以看到工作簿的打印选项设置，还能看到活动工作表的打印预览效果，所见即所得. 有一些用户在文档编辑结束后，经常忘记看打印预览效果就立即进行打印，而打印开始后又发现还有一些地方没有设置好（如页面的方向设置），既浪费时间又浪费纸张. 现在在进行打印操作时就能同时看到打印设置和打印预览效果，减少了一些无谓错误.

1.2　Excel 2010 基本操作

本书对 Excel 的一些入门知识不做过多介绍，事实上，目前市面上已经有众多介绍 Excel 的书籍和文献材料可供参考. 这里只简要的介绍后面实验中需要用到的一些函数、公式和命令.

上机实验中常常会用到的 Excel 命令和内置函数如下：

1. 设置数字格式

用鼠标左键任意单击一个单元格，使其成为活动单元格，这时就可以利用在工作表上方的诸选项卡以及该选项卡功能区中的选项按钮，对单元格格式进行设置，包括字体（本教材中英文和数字常用 Arial 字体或 Times New Roman 字体）、字号、颜色、对齐方式等进行设置.

设置小数点位数要先选中数字所在的单元格或单元格区域，然后通过单击数字功能区中的按钮 ←.0 .00 .00 →.0 进行调整.

2. 公式的输入、编辑

将输入法切换为英文输入法，然后在任意单元格内先输入等号“＝”，接着利用运算操作符：加“＋”、减“－”、乘“＊”、除“/”、乘方“^”和小括号“( )”等对数据或单元格表示的数据编写公式，编写完成后按【确定】按钮得到运算结果.

3. 相对引用、绝对引用和混合引用与公式的自动填充复制(拖放填充功能)

通过对单元格的引用可以在一个公式中使用工作表中不同位置的数据，Excel 中的公式**自动填充复制功能**（也称为**拖放填充功能**）是一个非常有用的功能，它能将一个单元格中编辑好的公式以相对引用、绝对引用和混合引用三种方式之一复制到其他单元格中. 比如制作九九乘法表，我们就只需要先在单元格 B3 中输入一个混合引用公式“＝＄A3＊B＄2”，再将此公式拖放填充至整个单元格区域 B3:J11，如图 1.4 所示，就完成了九九乘法表的制作. 从而避免了每一个单元格都要输入一个计算公式的烦琐工作. 我们通过下面的例子来说明这种功能.

例 1.2.1　制作九九乘法表.

B3　　fx =A3*B2

	A	B	C	D	E	F	G	H
1	公式的相对引用（拖放填充）							
2		1	2	3	4	5	6	7
3	1	1	2	6	24	120	720	5040
4	2	2	4	24				
5	3	6	24	576				
6	4	24						
7	5	120						
8	6	720						
9	7	5040						

=C3*D2
=C4*D3
=C5*D4
=A3*B2
=B3*C2
=B4*C3
=A4*B3
=B5*C4
=A5*B4

图 1.3　相对引用

解　先看图 1.3，在工作表中的 B3 单元格中输入相对引用公式“＝A3＊B2”，该公式表示 B3 中的值是由其左侧单元格 A3 中的值 1 和其上方单元格 B2 中的值 1 相乘得到，确定后得计算结果 1. 然后将鼠标移到 B3 单元格的右下角，待鼠标变成黑十字后按住不放，再向下拖到 B9 单元格后放开鼠标（这一过程以后简称为“**拖放填充**”），就会发现单元格区域 B3:B9 中已经自动得出了计算结果，其中每一个单元格都模仿采用了 B3 中的计算公式，也就是采用了计算公式“＝左侧单元格中的值×上方单元格中的值”，见图 1.3 中批注中的说明.

但这并不是我们希望的结果，我们希望计算公式中的第二个乘数始终使用第二行中单元格的值，要做到这一点，只需要在 B2 的行号 2 之前加一个“＄”即可固定行，亦即将 B2 输入为 B＄2，再将 B3 中的公式拖放填充至单元格区域 B3：B9，就会发现其中任一个单元格中的值都是由 A 列中的值和第二行中的值（即 B2）相乘得到. 同理，我们希望第一个乘数始终使用 A 列中单元格的值，要做到这一点，只需要在 A3 的列号 A 之前加一个“＄”即可固定列，亦即将 A3 输入为 ＄A3. 这时 B3 中输入混合引用公式“＝ ＄A3 ＊ B＄2”，再将 B3 中的公式拖放填充至单元格区域 B3：J11，就会发现其中任一个单元格中的值都是由 A 列中的值和第二行中的值相乘得到，这样就完成了九九乘法表的制作，如图 1.4 所示.

B3　=$A3*B$2

	A	B	C	D	E	F	G	H	I	J	K
1	九九乘法表										
2		1	2	3	4	5	6	7	8	9	
3	1	1	2	3	4	5	6	7	8	9	
4	2	2	4	6	8	10	12	14	16	18	
5	3	3	6	9	12	15	18	21	24	27	
6	4	4	8	12	16	20	24	28	32	36	
7	5	5	10	15	20	25	30	35	40	45	
8	6	6	12	18	24	30	36	42	48	54	
9	7	7	14	21	28	35	42	49	56	63	
10	8	8	16	24	32	40	48	56	64	72	
11	9	9	18	27	36	45	54	63	72	81	
12											
13											

=$A4*F$2

=$A6*E$2

=$A9*B$2

图 1.4　混合引用

若将 B3 中输入绝对引用公式“＝ ＄A＄3 ＊ ＄B＄2”，即把两个乘数的行和列均固定，再把 B3 中的公式向下或向右拖放填充至附近单元格，得到的结果如图 1.5 所示. 易见公式中两个乘数始终固定不变.

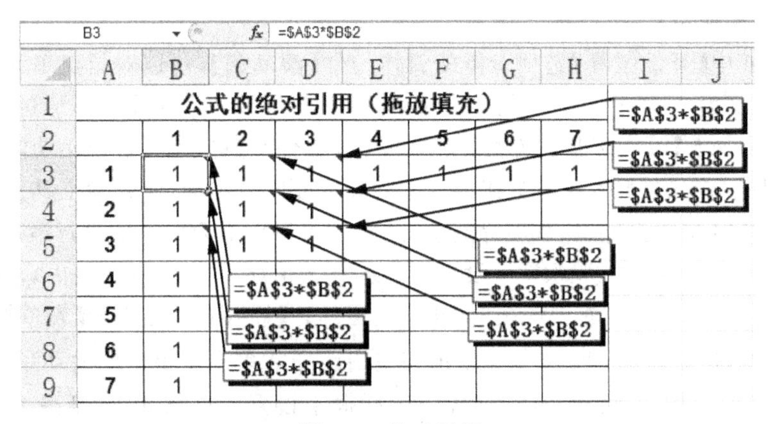

B3　=$A$3*$B$2

	A	B	C	D	E	F	G	H	I	J
1	公式的绝对引用（拖放填充）									
2		1	2	3	4	5	6	7		
3	1	1	1	1	1	1	1	1		
4	2	1	1	1						
5	3	1	1	1						
6	4	1								
7	5	1								
8	6	1								
9	7	1								

=$A$3*$B$2

=$A$3*$B$2

=$A$3*$B$2

=$A$3*$B$2

=$A$3*$B$2

=$A$3*$B$2

=$A$3*$B$2

=$A$3*$B$2

=$A$3*$B$2

图 1.5　绝对引用

4. 绘制函数曲线

例 1.2.2 绘制四个函数 $y=5x+1$，$y=x^2$，$y=19\sin x$，$y=e^x$ 的图形.

解 如图 1.6 所示，先输入有关标题，接着在 A2 和 A3 中分别输入 −3.0 和 −2.9，再选中 A2:A3，将鼠标移到区域 A2:A3 边框的右下角，待鼠标变成黑十字后按住不放，再向下拖到 A62 单元格后放开鼠标，这样就使用了 Excel 的数据填充功能在单元格区域 A2:A62 中输入了自变量 x 的取值：−3.0，−2.9，−2.8，…，2.9，3.0. 然后在单元格 B2，C2，D2 和 E2 中分别输入公式"=5 * A2+1"，"=A2^2"，"=19 * SIN(A2)"和"=EXP(A2)"，见图 1.6 中的批注. 然后同时选中单元格区域 B2:E2，把这四个公式向下同时拖放填充至 B62:E62，就计算出了四个函数在每一个自变量 x 处的值. 再选取单元格区域 B1:E62，单击【插入】/【折线图】，就画出了四个函数的曲线图，但其水平轴是默认分类：1，2，3，…，需要将其调整为 −3.0，−2.9，−2.8，…，2.9，3.0. 方法是用鼠标右击其中任一条曲线，在出现的对话框中选择【选择数据】，然后在新出现的对话框中的【水平(分类)轴标签】下单击【编辑】，然后在轴标签区域下选择 A2:A62，确定后得出四个函数的曲线图，见图 1.6 的右侧. 另外，【图表】功能区中还有柱形图、散点图、饼图等各种选择，作图方法类似.

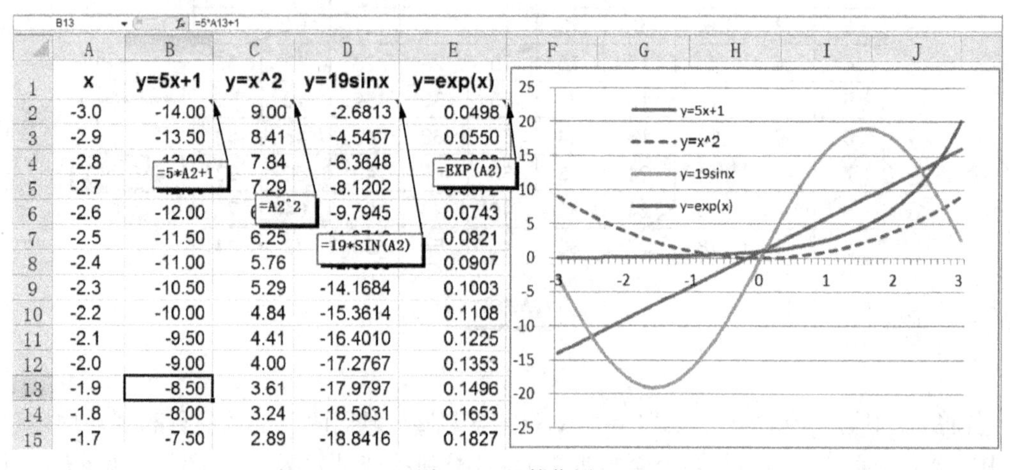

	A	B	C	D	E
1	x	y=5x+1	y=x^2	y=19sinx	y=exp(x)
2	-3.0	-14.00	9.00	-2.6813	0.0498
3	-2.9	-13.50	8.41	-4.5457	0.0550
4	-2.8	[illegible]	7.84	-6.3648	[illegible]
5	-2.7	[illegible]	7.29	-8.1202	[illegible]
6	-2.6	-12.00	[illegible]	-9.7945	0.0743
7	-2.5	-11.50	6.25	[illegible]	0.0821
8	-2.4	-11.00	5.76	[illegible]	0.0907
9	-2.3	-10.50	5.29	-14.1684	0.1003
10	-2.2	-10.00	4.84	-15.3614	0.1108
11	-2.1	-9.50	4.41	-16.4010	0.1225
12	-2.0	-9.00	4.00	-17.2767	0.1353
13	-1.9	-8.50	3.61	-17.9797	0.1496
14	-1.8	-8.00	3.24	-18.5031	0.1653
15	-1.7	-7.50	2.89	-18.8416	0.1827

图 1.6 函数作图

5. 滚动条的使用

利用 Excel 中【开发工具】选项卡下的窗体控件【滚动条】，可以对指定单元格中的值进行大小控制，这便于我们对涉及这个单元格中的值的计算结果以及画出的图形进行动态展示. 首先要在 Excel 中加载【开发工具】. 方法是依次单击【文件】/【选项】/【自定义功能区】，在出现的对话框中按图 1.7 勾选【开发工具】，确定后 Excel 界面中就出现了【开发工具】选项卡，单击它就可看见其功能区中的控件、加载项等选项. 这时就可以对需要对其值进行滚动控制的单元格设置滚动条了. 比如说要对试验次数 n 设置滚动条(n 的值显示在 B1 单元格内)，如图 1.9 所示.

操作方法是在 Excel 界面中依次单击【开发工具】/【插入】，在出现的【表单控件】对话框中单击【滚动条(窗体控件)】按钮，然后再在空白区任意单击即出现的滚动条按钮，并可调整其位置、大小，右击此滚动条，在出现的对话框中设置控件格式，包括最大值、最小值、步长、页步长等，关键是在【单元格链接】框中输入要对其值进行滚动的单元格，图 1.8 中选择

$B$1,并设定其最小值、最大值分别为 1,1000,步长为 50,页步长为 100,确定后完成设置.把该滚动条移动到 C3 处,见图 1.9.再单击滚动条按钮的左右小黑三角就会发现 B1 中的值(即试验次数 n)会在 1～1000 之间发生大小变化.

图 1.7　加载开发工具

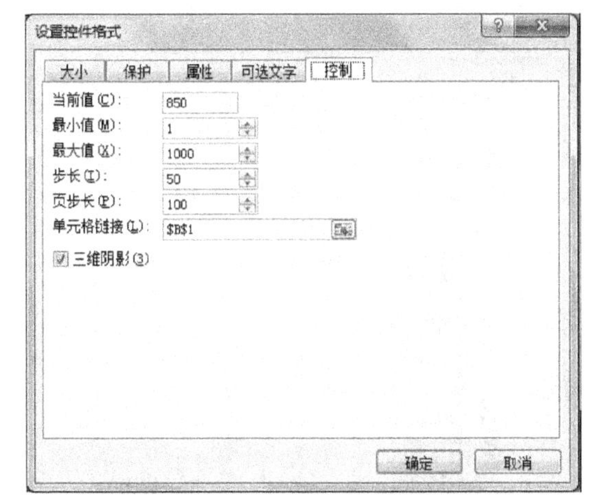

图 1.8　滚动条控件设置

	A	B	C
1	试验次数	850	
2	试验序号	正反面情况	正面频率
3	1	0	0.0000
4	2	0	0.0000
5	3	1	0.3333
6	4	0	0.2500
7	5	1	0.4000

图 1.9　对 B1 设置滚动条

6. 定义名称

在 Excel 中,名称可以代表一定的单元格区域、常量、文本、公式等.

将动态单元格区域定义为名称并将其应用于程序中的公式编写是一个重要而实用的技巧,应该熟练掌握.在 Excel 中使用事先定义的名称有很多优点:可以简化公式的编辑;可以增强公式的可读性;可以用名称代替公式中重复出现的部分;可以代替对单元格区域的引用等.

在 Excel 中常用的定义名称的方法有:

(1) 选定单元格区域后直接在名称框(在编辑栏左边)输入名称；

(2) 使用名称管理器(快捷键 Ctrl+F3)；

(3) 在工作表界面中单击【公式】/【定义名称】(详细过程请参考有关文献).

例如,在图 1.2 所示的工作表中,我们可以分别定义两个名称来表示两个动态单元格区域：

名称“试验次数”定义为“=OFFSET(稳定性演示!$A$3,0,0,稳定性演示!$B$1,1)”；

名称“正面频率”定义为“=OFFSET(稳定性演示!$C$3,0,0,稳定性演示!$B$1,1)”.

这两个动态单元格区域的长度会随着单元格 B1 中值的变化而发生动态变化,而 B1 中的值又可以由滚动条所控制,这就使得我们可以在工作表“稳定性演示”中对由动态序列“试验次数”和“正面频率”作出的散点图进行动态控制,每单击一次滚动条的左右小黑三角,就会发现工作表中的模拟试验数据和散点图都会发生变化.

函数命令 OFFSET 的语法格式为

OFFSET(reference, rows, cols, height, width),

其含义为:以 reference 的左上角单元格为基准,行和列分别偏移 rows 和 cols 确定一个单元格,再返回一个以后者为左上角单元格的,行数和列数分别为 height 和 width 的单元格区域的引用.

7. 自定义快速访问工具栏

将常用的工具命令放在自定义快速访问工具栏上,可以随时使用,免受“功能区最小化的影响”,而且这是一种常用的方法.自定义的方法是:依次单击【文件】/【选项】/【快速访问工具栏】,出现如下图 1.10 所示的对话框,添加自己常用的工具选项即可.

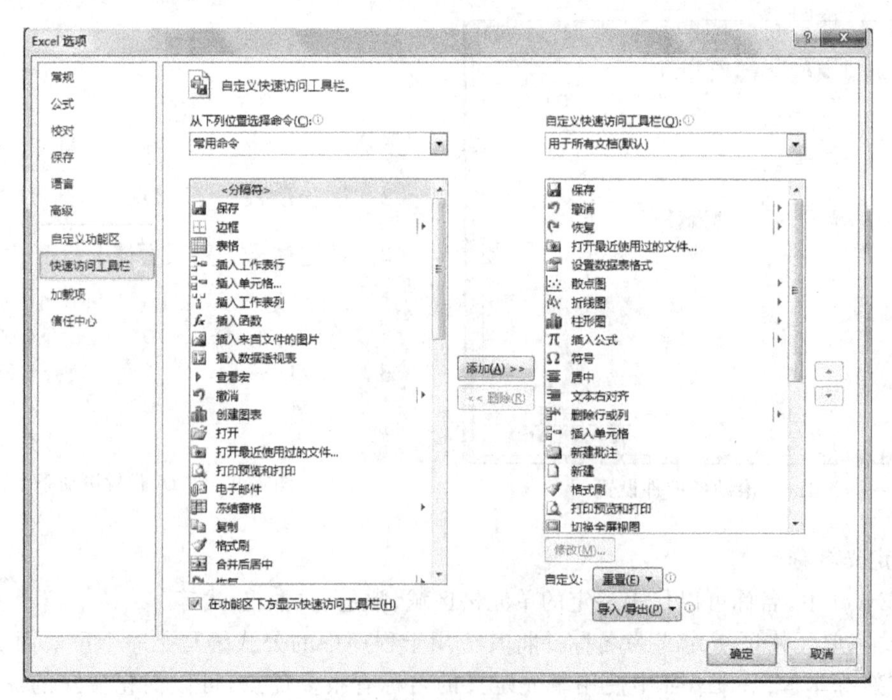

图 1.10　自定义快速访问工具栏

8. 统计分析工具的加载与使用

依次单击【文件】/【加载项】/【分析工具库】，如图 1.11 所示，再单击下方【转到】，就会出现对话框，见图 1.12，选择【分析工具库】、【规划求解加载项】等，确定后就可将它们添加到【数据】选项卡下的功能区内.

要强调的是**分析工具库是做概率统计实验最常用的工具**，使用它的方法是依次单击【数据】/【数据分析】，就会出现数据分析对话框，其中包括了很多常用的统计工具选项，见图 1.14 中上下两个图中所列出的工具选项列表.

【数据分析】中的【随机数发生器】能产生做数据分析时经常用到的均匀、正态、伯努利、二项、泊松、离散和模式七类随机数；又如其中的【回归】分析工具经常用来对数据进行一元或多元回归分析(参见实验十二)；其中的【直方图】可用来对已知数据集绘制直方图(参见实验四)；还有其中的【方差分析】、【F-检验】、【t-检验】、【指数平滑】、【移动平均】等都是常用的统计分析工具，都会在本书后面所列的实验中用到(参见后面相应的实验).

若单击【数据分析】中的【描述统计】选项就可以对给定数据进行描述性统计. 例如，对图 1.15 中单元格区域 A2:A21 内的数据，就可以按图 1.13 输入有关选项，得到图 1.15 单元格区域 E1:F18 中的分析结果.

图 1.11　加载分析工具库

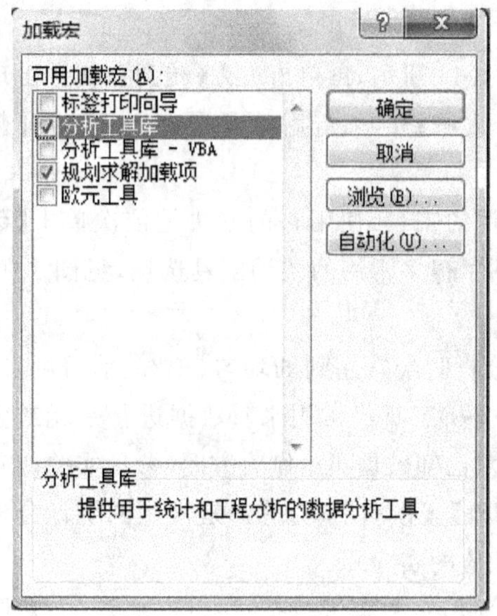

图 1.12　加载分析工具库

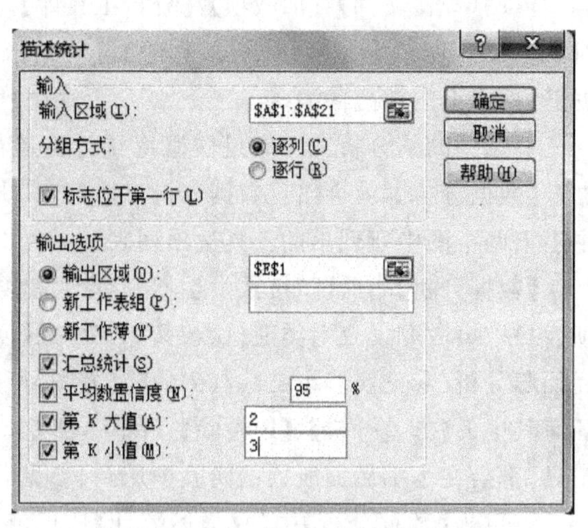

图 1.13　描述性统计分析

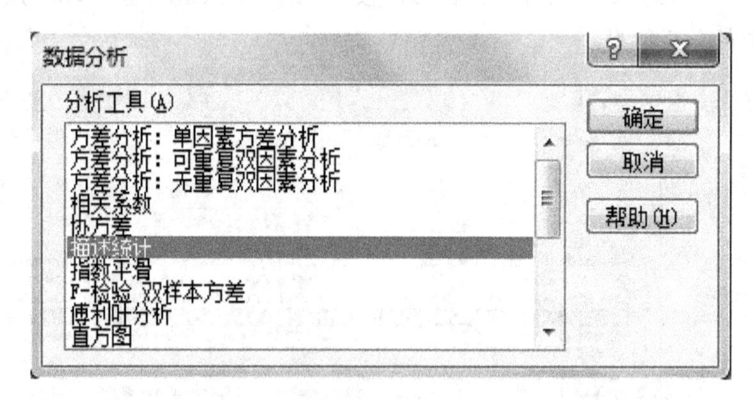

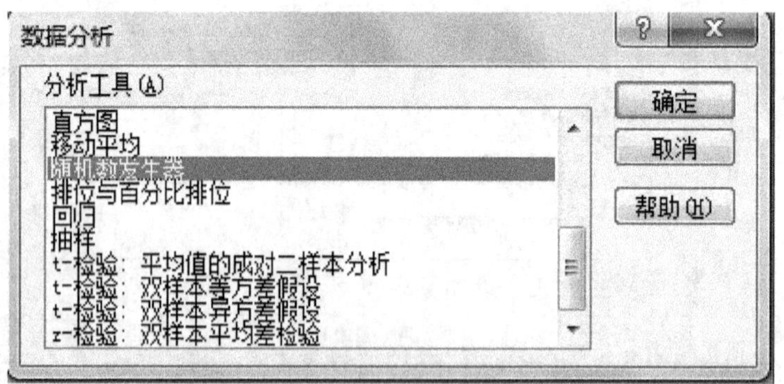

图 1.14　数据分析工具中包含的选项

C19　fx　=RANDBETWEEN(10, 50)

	A	B	C	D	E	F
1	样本数据	计算指标	计算结果	函数公式	样本数据	
2	0.9304	和	11.1541	=SUM(A2:A21)		
3	0.1109	平均值	0.5577	=AVERAGE(A2:A21)	平均	0.5577
4	0.1623	最大值	0.9304	=MAX(A2:A21)	标准误差	0.0677
5	0.6751	最小值	0.0284	=MIN(A2:A21)	中位数	0.5983
6	0.4872	中位数	0.5983	=MEDIAN(A2:A21)	众数	#N/A
7	0.8210	几何平均	0.4283	=GEOMEAN(A2:A21)	标准差	0.3026
8	0.6001	调和平均	0.2351	=HARMEAN(A2:A21)	方差	0.0916
9	0.9240	平均差	0.2567	=AVEDEV(A2:A21)	峰度	-1.2142
10	0.7730	标准差	0.3026	=STDEV(A2:A21)	偏度	-0.3306
11	0.4779	方差	0.0916	=VAR(A2:A21)	区域	0.9021
12	0.0284	峰度	-1.2142	=KURT(A2:A21)	最小值	0.0284
13	0.2818	偏度	-0.3306	=SKEW(A2:A21)	最大值	0.9304
14	0.5965	计数	20	=COUNT(A2:A21)	求和	11.1541
15	0.9161	条件计数	15	=COUNTIF(A2:A21,">0.3")	观测数	20
16	0.4426	条件求和	5.0169	=SUMIF(A2:A21,"<0.7")	最大(2)	0.9257
17	0.8469				最小(3)	0.1363
18	0.9257		0.7940	=RAND()	置信度(9:	0.1416
19	0.6925		10	=RANDBETWEEN(10, 50)		
20	0.3255		0	=RANDBETWEEN(0, 1)		
21	0.1363					

图 1.15　函数命令举例以及描述性统计

1.3　常用的函数和公式

概率统计实验中最常用的命令是 RAND( )，该命令产生一个区间(0,1)之内的均匀分布的动态随机数，只要在任一个单元格内输入"＝RAND( )"，确定后即可在该单元格内产生一个均匀分布随机数，并且每按一次 F9 键，这个随机数就会重新产生一次. 类似地，若在单元格内输入"＝RANDBETWEEN(m,n)"，则可在该单元格内等可能地产生一个介于两个整数 m 和 n 之间的动态随机整数. 因此命令"＝RANDBETWEEN(0,1)"以等概率 0.5 动态产生 0 或 1.

其他基本的函数命令有：和 SUM；最大值 MAX；最小值 MIN；平均值 AVERAGE；中位数 MEDIAN；几何平均 GEOMEAN；调和平均 HARMEAN；平均差 AVEDEV；标准差 STDEV；方差 VAR；峰度 KURT 和偏度 SKEW 函数等. 使用的方法以及公式说明均已展示在图 1.15 中. 下面再罗列几个概率统计中经常使用的函数命令：

排列 A_n^k：用函数命令"＝PERMUT(n,k)"计算；

组合 C_n^k：用函数命令"＝COMBIN(n,k)"计算；

阶乘 $n!$：用函数命令"＝FACT(n)"计算；

超几何概率 $P(A_k)=\dfrac{C_M^k C_{N-M}^{n-k}}{C_N^n}$：用函数命令"＝HYPGEOMDIST(k,n,M,N)"计算；

几何概率 $P_k=(1-p)^{k-1}\cdot p$：用函数命令"＝NEGBINOMDIST(k－1,1,p)"计算；

……

另外，还可以单击编辑栏中的【插入函数】按钮 fx ，插入各种函数，包括常用函数、全部函数及统计函数等供实验使用,如图 1.16 所示.

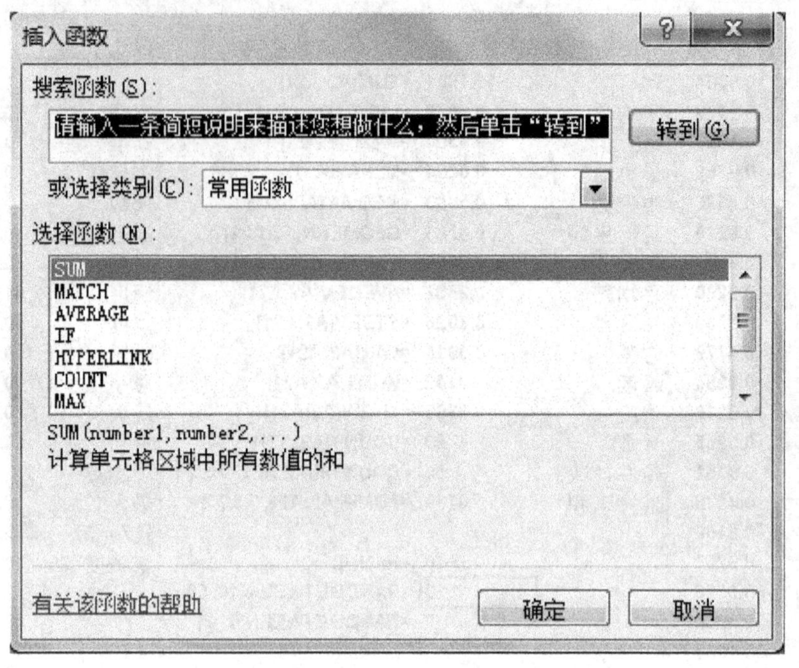

图 1.16 插入函数对话框

第2章 基础实验

实验一 频率的稳定性——模拟投币试验及其推广

1.1 实验原理

频率的概念比较简单,容易掌握.设 E 为一个随机试验,而 A 为其中任一随机事件.把 E 独立地重复做 n 次,以 $\mu_n(A)$ 表示事件 A 在这 n 次试验中出现的次数(也称**频数**),则比值 $f_n(A)=\mu_n(A)/n$ 称为事件 A 发生的**频率**.通过长期大量的实践,人们发现当试验次数不断增加时,事件 A 发生的频率稳定在某个常数 p 附近,则称 p 为事件 A 发生的**统计概率**.频率的大小适当地反映了事件 A 发生的可能性大小,频率的稳定性是一个不依赖于任何主观意愿的客观事实,是概率这一重要概念的现实基础.

频率的稳定性在实际生活中随处可见,如在相同条件下连续抛掷一枚均匀硬币很多次,就会发现"出现正面"和"出现反面"这两个随机事件出现的频率都稳定在 1/2 附近;又如全球人口中男女人数大致各占一半;英文文献中各个字母的使用频率;一个城市每天居民的用水量、用电量等都具有稳定性.

本实验利用 Excel 数据分析工具中的随机数发生器,分别产生伯努利随机数(即 0-1 随机数)和均匀分布随机数来模拟投币试验出现正面和反面的试验结果,再产生离散均匀分布随机数来模拟掷骰子试验的结果,从而在计算机上快速模拟这些试验的整个过程并对试验结果进行分析总结.

1.2 实验目的及要求

实验目的 让实验者学习在计算机上模拟投币试验和抛掷骰子试验的方法,通过本实验熟悉在 Excel 中产生常见随机数的步骤,并从实验结果中观察体会频率的稳定性.

具体要求 利用 Excel 中的随机数发生器分别产生:伯努利随机数(即 0-1 随机数)、(0,1)区间上均匀分布随机数来模拟投币试验并对试验结果进行分析以及产生离散均匀分布随机数来模拟掷骰子试验并对试验结果进行分析.

1.3 实验过程

例 1.1 利用 Excel 自带的随机数发生器产生 10000 个伯努利随机数(即 0-1 随机数)来模拟 10000 次投币试验的结果,统计其中随机数 1(表示出现正面)和 0(表示出现反面)出现的次数,并对试验结果进行分析.

解 首先,在 Excel 界面中按图 1.3 输入相关标题,在单元格 D1 中输入试验次数 10000,再依次单击【数据】/【数据分析】/【随机数发生器】,然后在出现的对话框中按图 1.1 输入选项,则可在单元格区域 A2:A10001 中产生 10000 个伯努利(0-1)随机数,为了统计该区域中随机数 1(表示出现正面)的个数(注:0 的个数可类似统计),可在单元格 D3 中输入条件计数函数命令"=COUNTIF(A2:A10001,"1")",确定后得到4980,表示10000次投币试验中出现了4980次正面,于是正面频率为0.4980.

随机数发生器

变量个数(V): 1

随机数个数(B): 10000

分布(D): 伯努利

参数

p(A) = 0.5

随机数基数(R):

输出选项

输出区域(O): $A$2

新工作表组(P):

新工作薄(W)

确定　取消　帮助(H)

图1.1　产生伯努利(0-1)随机数

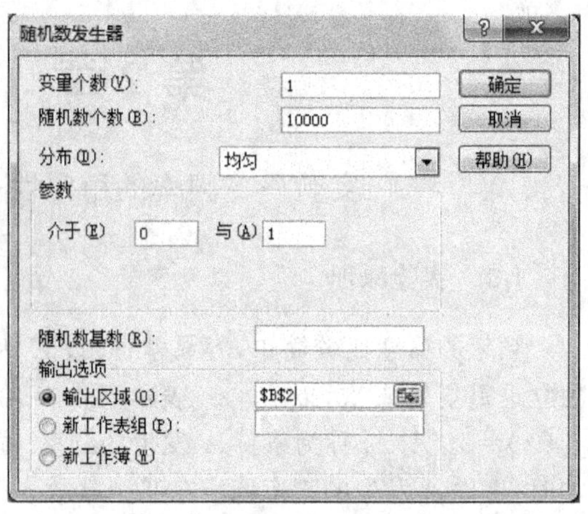

图1.2　产生区间(0,1)上均匀分布随机数

	A	B	C	D	E	F	G
1	伯努利随机数(0-1随机数)	(0,1)区间均匀分布随机数	试验次数	10000	=COUNTIF(B2:B10001,"<0.5")		
2	1	0.95621		伯努利	均匀分布		
3	1	0.68770	正面次数	4980	5053		
4	1	0.41700	正面频率	0.4980	0.5053	=E3/$D$1	
5	1	0.66210	=COUNTIF(A2:A10001,"1")		=D3/$D$1		
6	1	0.51402					
7	0	0.03812					
8	1	0.20209					

图1.3　用两种方法产生随机数模拟投币试验

例1.2　利用随机数发生器产生10000个均匀分布$U(0,1)$随机数,分别记录其中小于0.5(表示出现正面)和不小于0.5(表示出现反面)的随机数个数,并对试验结果进行分析.

解　同上例,先在Excel界面中按图1.3输入相关标题,在单元格D1中输入试验次数10000,再依次单击【数据】/【数据分析】/【随机数发生器】,然后在出现的对话框中按图1.2输入选项,则可在单元格区域B2:B10001中产生10000个均匀分布$U(0,1)$随机数,为了统计该区域中小于0.5(表示出现正面)的随机数个数,在单元格E3中输入条件计数函数命令"=COUNTIF(B2:B10001,"<0.5")",确定后得到5053,表示10000次投币试验中出现了5053次正面,于是正面频率为0.5053.

从上面两个例子可以看到,当试验次数充分大时,"出现正面"或"出现反面"这两个事件发生的频率都稳定在0.5附近,模拟实验结果验证了频率的稳定性.

例1.3　向桌面上任意掷一颗骰子,由于骰子构造是对称均匀的,可知出现1,2,…,6这六个数(朝上的点数)中任一个数的可能性是相同的.试产生离散均匀分布随机数对其进行模拟,并对试验结果进行分析.

解　易见掷骰子出现的点数X的分布列为

$$X \sim \begin{bmatrix} 1 & 2 & \cdots & 6 \\ \frac{1}{6} & \frac{1}{6} & \cdots & \frac{1}{6} \end{bmatrix}.$$

借助随机数发生器中的“离散分布”，我们可以产生以相等概率 1/6 分别取值 1,2,…,6 的 6000 个离散均匀分布随机数，其方法是在随机数发生器界面中按下图 1.4 所示输入选项：

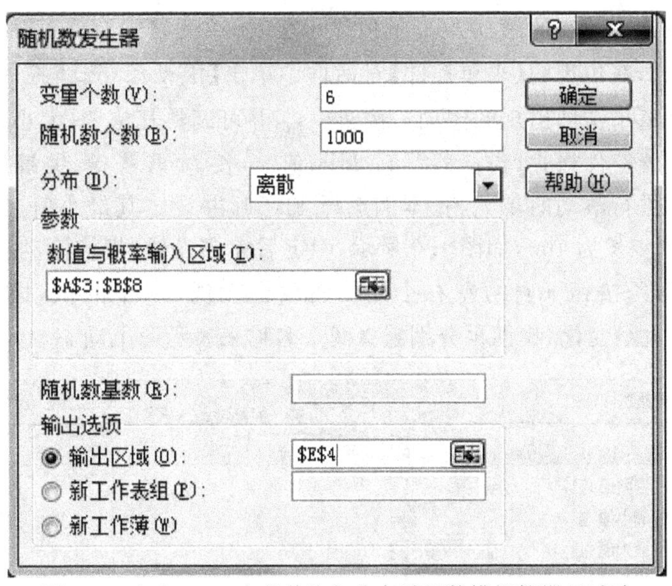

图 1.4　产生 6000 个离散均匀分布随机数模拟掷骰子试验

确定后就可以在单元格区域 E4:J1003 中生成 6000 个服从上述离散均匀分布的随机数. 再按图 1.5 在相关的单元格中输入函数命令，则可得到这 6000 个离散均匀分布随机数中出现 1,2,…,6 各点的频数和频率，即单元格区域 E2:J3 中的数值. 由此可以看出：独立重复地抛掷一颗骰子，则出现 1,2,…,6 这六个数中任一个数的可能性是大致相同的. 这个试验的结果同样验证了频率的稳定性.

B3　=1/6

	A	B	C	D	E	F	G	H	I	J
1	骰子点数分布列		投掷次数	模拟结果	1点	2点	3点	4点	5点	6点
2	点数取值	取值概率	6000	频数	1022	976	1073	1008	974	947
3	1	0.1667		频率	0.170	0.163	0.179	0.168	0.162	0.158
4	2	0.1667			1	4	1	1	1	3
5	3	0.1667			5	6	4	3	3	3
6	4	0.1667			1	5	5	1	2	5
7	5	0.1667			3	4	6	6	1	1
8	6	0.1667			2	2	2	5	4	4
9					6	5	5	6	5	6
10					1	4	1	4	4	6
11					2	4	4	4	1	1
12					2	3	5	2	6	1
13					5	5	3	6	5	4
14					2	5	4	3	5	4

=SUM(E2:J2)
=COUNTIF($E$4:$J$1003,"1")
=E2/6000
=COUNTIF($E$4:$J$1003,"6")
=J2/6000

投币试验　稳定性演示　掷骰子试验模拟

图 1.5　模拟掷骰子试验的结果

1.4　讨论

例 1.4　为了直观地观察正面频率随着试验次数 n 的变化而变化,并且稳定于 0.5 这个值附近这一事实,可以在 Excel 中设计动态实验来进行演示.

解　该实验的设计步骤如下:

首先设置对试验次数 n 的滚动条(n 的值显示在 B1 单元格内):在 Excel 界面中依次单击【开发工具】/【插入】,在出现的【表单控件】对话框中单击【滚动条(窗体控件)】按钮,然后在工作表空白区任意单击即出现的滚动条按钮,并可调整其位置、大小,右击此滚动条,在出现的对话框中设置控件格式,包括最大值、最小值、步长、页步长等,关键是在【单元格链接】框中输入要对其值进行滚动的单元格,本例选择 $B$1,并设定其最小值、最大值分别为 1 和 1000,步长为 50,页步长为 100,如图 1.6 所示,确定后完成设置.把该滚动条移动到 C3 处,见图 1.7.再单击滚动条按钮的左右小黑三角就会发现 B1 中的值(即试验次数 n)会在 1～1000 之间发生大小变化.我们再分别定义两个名称来表示两个动态单元格区域:

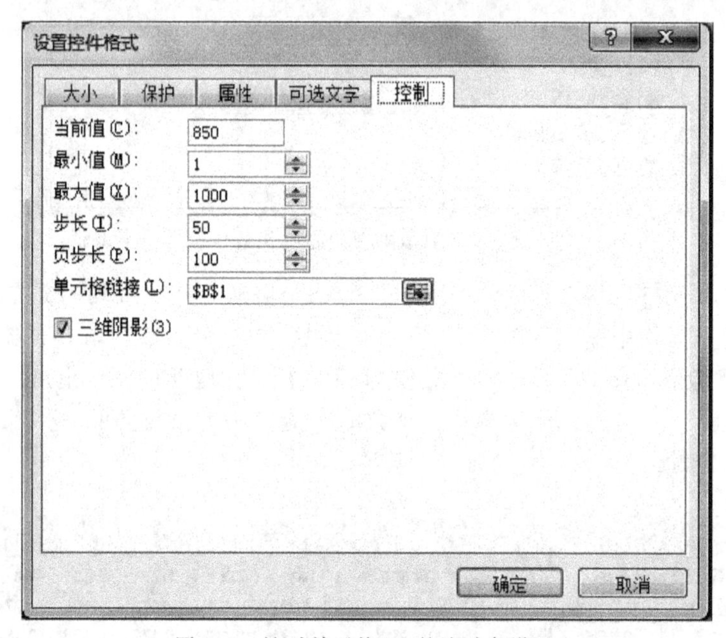

图 1.6　针对单元格 B1 的滚动条设置

名称"试验次数"定义为"=OFFSET(稳定性演示!$A$3,0,0,稳定性演示!$B$1,1)";

名称"正面频率"定义为"=OFFSET(稳定性演示!$C$3,0,0,稳定性演示!$B$1,1)".

这两个动态单元格区域的长度会随着单元格 B1 中值的变化而发生动态变化,而 B1 中的值又可以由滚动条所控制,这就使得我们可以在工作表"稳定性演示"中对由动态序列"试验次数"和"正面频率"作出的散点图进行动态控制,如图 1.7 所示.每单击一次滚动条的左右小黑三角,就会发现工作表中的模拟试验数据和散点图都会发生变化.另外,每按一次 F9 键,数据和图形也会发生变动,这是因为 B 列中的数据均由随机数命令"=RANDBETWEEN(0,1)"产生所致.然而不管是哪种情形,我们均可以由图 1.7 看到:事件"出现正面"的频率总是稳定在其概率 0.5 附近,这样就直观、动态地演示了频率的稳定性.

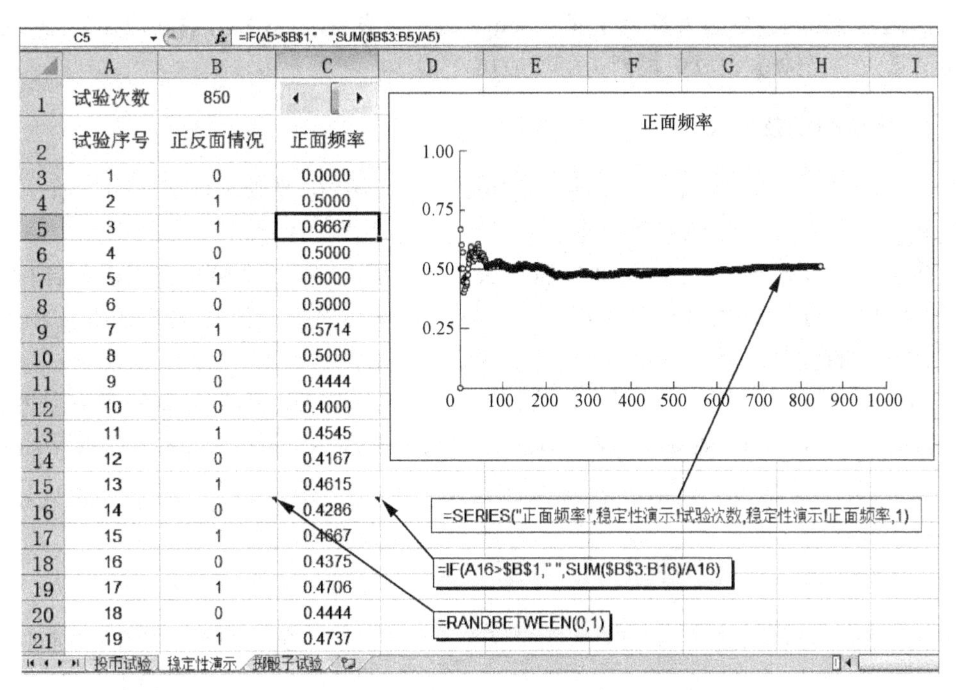

图 1.7　模拟投币实验以及正面频率动态演示

实验二　圆周率 π 的近似计算——蒲丰投针问题

2.1　实验原理

随着计算机技术的迅速发展,很多在实际中费时费力的试验都可以在计算机上通过模拟来实现.这样就节省了人们大量的时间、精力和财力,而且可以迅速得到模拟结果,也为决策者提供了及时的参考依据.

1777 年法国科学家蒲丰提出了一种通过随机试验近似计算圆周率 π 的方法——随机投针法,即著名的蒲丰投针问题.平面上画有间隔为 d 的一组等距平行线,向平面任意投一枚长为 $l(l<d)$的针,用(φ,x)来模拟每一次投针试验中针的位置,其中 φ 表示针与线的夹角,x 表示针的中点与最近的一条平行线之间的距离,这里 $0\leqslant\varphi\leqslant\pi$,$0\leqslant x\leqslant d/2$.那么随机事件 $A=$"针与任一平行线相交"的发生等价于不等式 $0\leqslant x\leqslant\frac{l}{2}\sin\varphi$ 成立.蒲丰首先证明了随机事件 A 发生的概率为 $P(A)=\frac{2l}{d\pi}$,而由频率的稳定性知 $P(A)\approx\frac{k}{n}=f_n(A)$(事件 A 发生的频率),故有 $\pi\approx\frac{2nl}{kd}$.这就是蒲丰给出的近似计算 π 的公式.

这个问题并不复杂,但它开创了随机模拟法的先河.值得注意的是它所采用的方法:设计一个适当的随机试验,其中某事件发生的概率与我们感兴趣的一个量(如 π)有关,然后通过重复该试验,以频率估计概率,从而近似计算出我们所关心的这个量.随着计算机技术的发展,人们可以在计算机上大量重复地模拟所设计的随机试验,这一方法得到了迅速的发展.人们称这一方法为**随机模拟法**,也称为**蒙特卡罗**(Monte Carlo)**法**. 目前这种方法在应用物理、化学、社会服务以及经济等众多领域中得到了广泛应用.

2.2 实验目的及要求

实验目的 旨在让实验者在计算机上模拟蒲丰投针试验,掌握无理数 π 的近似计算方法,理解随机模拟法的基本原理,从中体会到新思想、新方法产生的过程.

具体要求 首先利用 Excel 中产生的 10000 个随机点 (φ,x) 来模拟每一次投针试验中针的位置,统计满足这个不等式的随机点 (φ,x) 的个数,从而得到事件 A 发生的次数和频率,进而近似计算 π 的值.

再利用一个简便方法近似计算 π 的值:向一个包含单位圆的边长为 2 的正方形内任意投掷 n 个随机点,统计其中"随机点落入单位圆内"(记做事件 A)的随机点个数 k 以及 k/n,由几何概率易见 $P(A)=\frac{\pi}{4}$. 同上,由于 $P(A)\approx\frac{k}{n}=f_n(A)$,由此可知 $\pi\approx\frac{4k}{n}$.

2.3 实验过程

例 2.1(蒲丰投针问题) 平面上画有间隔为 $d(d>0)$ 的一组等距平行线,向平面任意投一枚长为 $l(l<d)$ 的针,求随机事件 $A=$"针与任一平行线相交"发生的概率,进而求 π 的近似值.

解 由上面讨论,我们先在 Excel 工作表中按图 2.3 输入相关标题,在单元格 A2 中输入试验次数 10000,在 B2 和 C2 中输入平行线间的距离 4 和针的长度 3,然后依次单击【数据】/【数据分析】/【随机数发生器】,然后在出现的对话框中按图 2.1 输入选项,则可在单元格区域 A4:A10003 中产生 10000 个(0,2)区间内的均匀分布随机数. 注意,这里 $d/2=2$. 同理,按图 2.2 输入选项,则可在单元格区域 B4:B10003 中产生 10000 个 $(0,\pi)$ 区间内的均匀分布随机数. 于是每一对 $(A_i,B_i)(i=4,5,\cdots,10003)$ 就相当于一对 (φ,x) 的值,表示第 i 次投针试验所得到的针与线的夹角 $\varphi=B_i$,针的中点与最近直线的距离 $x=A_i$. 为了统计该区域中满足 $0\leqslant x\leqslant\frac{l}{2}\sin\varphi$ 的随机数 (A_i,B_i) 的对数,先在 C4 中输入公式"= \$C\$2 * SIN(B4)/2"来计算 $\frac{l}{2}\sin\varphi$ 的值,然后将该公式拖放填充至 C10003 计算出所有值,然后在单元格 D4 中用条件命令"=IF(A4<=C4,1,0)"来判断(A4,B4)是否满足不等式 $0\leqslant x\leqslant\frac{l}{2}\sin\varphi$. 若 D4 中的值为 1,表示针与线相交,若 D4 中的值为 0,表示针与线不相交,然后再把 D4 中的公式拖放填充至 D10003 完成对所有 (A_i,B_i) 的判断,见图 2.3. 接着统计针与线相交的次数,这只需知道单元格区域 D4:D10003 中"1"的个数即可,可在单元格 E4 中输入条件计数命令"=COUNTIF(D4:D10003,"1")",确定后得到 4783,表示 10000 次投针试验中有 4783 次针与线相交. 最后根据公式 $\pi\approx\frac{2nl}{kd}$ 近似计算 π 值,在 F4 中输入公式"=2 * \$A\$2 * \$C\$2/ \$B\$2/E4",确定后得到 π 的近似值 3.13611.

注意 产生 $(0,\pi)$ 区间内的均匀分布随机数时,区间上限只能输入数值(见图 2.2),不能输入"=PI( )",因 Excel 对该选项只认数值. 这就会产生循环计算的问题,不够严格. 为克服这一问题,我们可先产生用角度表示的角度 φ,即产生区间$(0°,180°)$内的均匀分布随机数 φ,再使用函数命令 RADIANS(φ)将其转换为弧度,其他操作不变. 详情见下面的例 2.2.

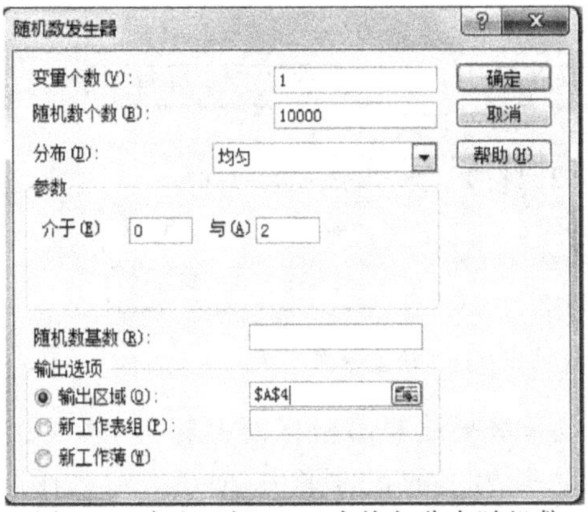

随机数发生器
变量个数(V):　1
随机数个数(B):　10000
分布(D):　均匀
参数
介于(E)　0　与(A)　2
随机数基数(R):
输出选项
输出区域(O):　$A$4
新工作表组(P):
新工作薄(W)
确定　取消　帮助(H)

图 2.1　产生区间(0,2)内均匀分布随机数

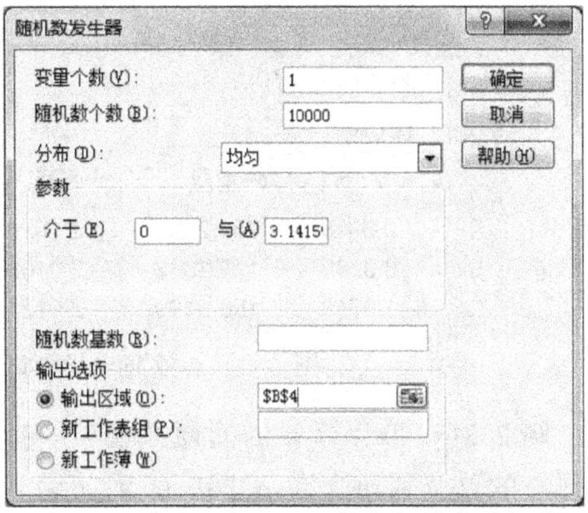

随机数发生器
变量个数(V):　1
随机数个数(B):　10000
分布(D):　均匀
参数
介于(E)　0　与(A)　3.1415
随机数基数(R):
输出选项
输出区域(O):　$B$4
新工作表组(P):
新工作薄(W)
确定　取消　帮助(H)

图 2.2　产生区间(0,π)内均匀分布随机数

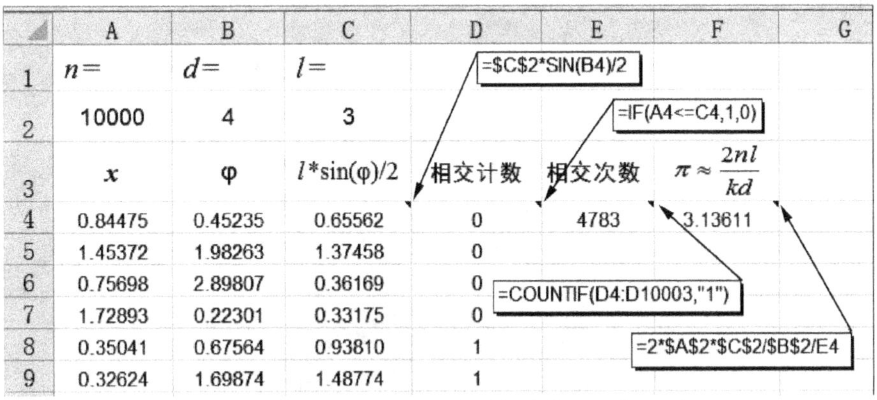

	A	B	C	D	E	F	G
1	$n=$	$d=$	$l=$				
2	10000	4	3				
3	x	φ	$l*\sin(\varphi)/2$	相交计数	相交次数	$\pi\approx\frac{2nl}{kd}$	
4	0.84475	0.45235	0.65562	0	4783	3.13611	
5	1.45372	1.98263	1.37458	0			
6	0.75698	2.89807	0.36169	0			
7	1.72893	0.22301	0.33175	0			
8	0.35041	0.67564	0.93810	1			
9	0.32624	1.69874	1.48774	1			

=$C$2*SIN(B4)/2
=IF(A4<=C4,1,0)
=COUNTIF(D4:D10003,"1")
=2*$A$2*$C$2/$B$2/E4

图 2.3　模拟蒲丰投针试验并近似计算 π 的值(弧度)

例 2.2(续例 2.1)　其他操作均和例 2.1 相同，只是在产生针与线的夹角 φ 时使用角度表示角，即此时的 φ 为区间(0°,180°)内的均匀分布随机数. 按图 2.4 输入相关选项，就可以在单元格区域 B4:B10003 中产生 10000 个区间(0°,180°)内的均匀分布随机数. 接着在 C4 内输入将角度转换为弧度的函数公式“=RADIANS(B4)”再拖放填充至 C10003，就可以在单元格区域 C4:C10003 中得到 10000 个(0,π)区间内的均匀分布随机数，其余操作同例 2.1，见图 2.5.

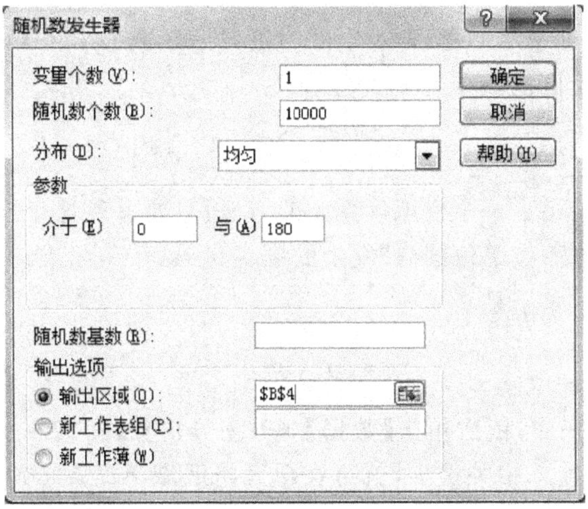

随机数发生器
变量个数(V):　1
随机数个数(B):　10000
分布(D):　均匀
参数
介于(E)　0　与(A)　180
随机数基数(R):
输出选项
输出区域(O):　$B$4
新工作表组(P):
新工作薄(W)
确定　取消　帮助(H)

图 2.4　产生区间(0°,180°)内的均匀分布随机数

	A	B	C	D	E	F	G
1	$n=$	$d=$	$l=$	=RADIANS(B4)		=COUNTIF(E4:E10003,"1")	
2	10000	4	3		=$C$2*SIN(C4)/2		
3	x	φ-角度	φ-弧度	l*sin(φ)/2	相交计数	相交次数	π≈
4	0.3018	158.2849	2.7626	0.5550	1	4779	3.138732
5	0.9388	115.1842	2.0103	1.3574	1	=2*$A$2*$C$2/$B$2/F4	
6	1.9749	166.8490	2.9121	0.3413	0		

图 2.5 模拟蒲丰投针试验并近似计算 π 的值(角度→弧度)

例 2.3(模拟计算 π 的简便方法) 如图 2.6 所示,水平放置的坐标面上有一个以原点 O 为圆心的单位圆包含在一个以原点 O 为对称中心、边长为 2 的正方形内.向正方形内任意投掷一个小球,设小球在正方形内停留在任意一点(X,Y)是等可能的.求事件 $A=$“小球落在单位圆内”的概率.

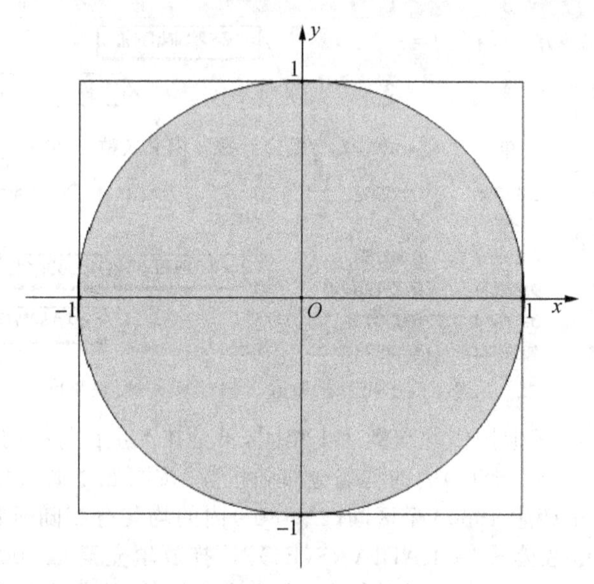

图 2.6 单位圆包含于正方形内

解 这是一个几何概率的问题,样本空间为正方形区域 $\Omega=\{(X,Y)\mid -1\leqslant X,Y\leqslant 1\}$,其面积为 $S(\Omega)=4$.而单位圆的面积为 π,易见

$$P(A)=P(\{(X,Y)\mid X^2+Y^2\leqslant 1\})=\frac{\pi}{4}.$$

这个结论虽然简单,却给出了一个模拟计算 π 的方法:只要重复这个投掷小球的试验 n 次,就可以得到事件 $A=$“小球落在单位圆内”发生的频率 $f_n(A)=k/n$.当 n 较大时,由频率的稳定性知 $f_n(A)\approx P(A)=\pi/4$,于是

$$\pi\approx 4f_n(A)=\frac{4k}{n}.$$

在 Excel 中可这样操作:依次单击【数据】/【数据分析】/【随机数发生器】,出现“随机数发生器”对话框,按图 2.7 输入相关选项,就可在单元格区域 A2:A10001 和 B2:B10001 内分别产生 $n=10000$ 个取值于区间$(-1,1)$内的均匀分布随机数,其余操作见图 2.8.

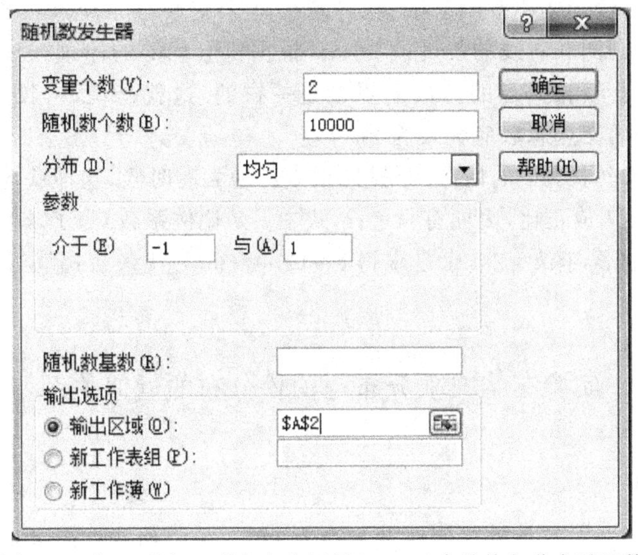

图 2.7　在 A 列和 B 列中产生区间(−1,1)内的均匀分布随机数

	A	B	C	D	E	F
1	x	y	x²+y²	x²+y²≤1	π≈	
2	-0.5227	-0.1070	0.2846	7873	3.1492	
3	-0.1602	-0.9583	0.9439			
4	-0.5630	-0.1359	0.3355			
5	-0.1039	0.4063	0.1759			
6	0.4194	0.6622	0.6143			
7	-0.6514	-0.7372	0.9678			

=A2^2+B2^2

=COUNTIF($C$2:$C$10001,"<=1")

=4*D2/10000

图 2.8　简便方法近似计算 π 的过程和结果

每一对(x,y)确定了小球的一个停留位置，显然事件 A=“小球落在单位圆内”发生的充要条件是 $x^2+y^2\leqslant 1$. 故可在单元格 C2 内输入命令“=A^2+B^2”，再将此公式拖放填充至 C10001，然后在单元格 D2 内输入命令“=COUNTIF($C$2:$C$10001,"<=1")”统计出 10000 次投掷中小球落入单位圆内的次数为 7873，由此计算出 π 的近似值为 3.1492，计算公式见图 2.8 批注.

2.4　讨论

蒲丰投针问题可做各种推广，比如把试验改为向画有间隔为 d 的一组等距平行线的平面内任意投一个边长为 l 的小正三角形，求三角形与平行线相交的概率. 进一步，可把正三角形改为正四边形、正五边形、……、正 n 边形，或者改为一个小圆，结论又如何？

有学者针对蒲丰投针试验得到的近似公式 $\pi\approx(2ln)/(kd)$，给出了一个简单而巧妙的证明：找一根铁丝弯成一个圆圈，使其直径恰恰等于平行线间的距离 d. 可以想象得到，对于这样的圆圈来说，不管怎么扔，都将和平行线有两个交点. 因此，如果圆圈扔下的次数为 n 次，那么相交的交点总数必为 $2n$. 现在设想把圆圈拉直，变成一条长为 πd 的铁丝. 显然，这样的铁丝扔下时与平行线相交的情形要比圆圈复杂些，可能有：4个交点、3个交点、2个交点、1个交点，甚至于零个交点. 由于圆圈和直线的长度同为πd，根据机会均等的原理，当它们投掷次数较多，且相等时，两者与平行线相交点的总数期望也是一样的. 这就是说，当长为πd的铁丝扔下n次时，与平行线相交的交点总数应大致为$2n$.

现在转而讨论铁丝长为l的情形. 当投掷次数n增大的时候，这种铁丝跟平行线相交的交点总数k应当与长度l成正比，因而有：$k=cl$，式中c是比例系数. 为了求出c来，只需注意到，对于$l=\pi d$的特殊情形，有$k=2n$. 于是求得$c=(2n)/(\pi d)$. 代入前式就有$k\approx(2ln)/(\pi d)$，从而$\pi\approx(2ln)/(kd)$.

实验三 二项分布与泊松分布的近似关系

3.1 实验原理

二项分布和泊松分布都是重要的离散型分布，在实际中均有广泛的应用. 若X服从参数为n和p的二项分布$X\sim B(n,p)$，则$P(X=k)=C_n^k p^k(1-p)^{n-k}$，$k=0,1,2,\cdots,n$. 又若$X$服从参数为$\lambda$的泊松分布$X\sim P(\lambda)$，则$P(X=k)=\dfrac{\lambda^k}{k!}e^{-\lambda}$，$k=0,1,2,\cdots$，其中$\lambda>0$.

一般说来，大量重复试验中稀有事件出现的频数X均服从或近似服从泊松分布. 泊松分布是由法国数学家泊松于1837年作为二项分布的极限分布而导出的，这在当时是一个了不起的发现. 泊松定理告诉我们：若$X\sim B(n,p)$，其中n很大，p很小，而$np=\lambda$不太大(一般说来，要求$\lambda\leqslant 5$)时，则X就近似服从泊松分布$P(\lambda)$. 由此得到一个实际中常用的近似计算公式：$C_n^k p^k(1-p)^{n-k}\approx\dfrac{(np)^k}{k!}e^{-np}$. 本实验就是要通过实际计算、作图和比较等方法对上述结果在不同参数组合情形下给出直观、动态的展示.

3.2 实验目的及要求

实验目的 让实验者在计算机上学会二项分布和泊松分布相关的概率、分布函数及分位数的计算方法，掌握在Excel中动态演示二项分布和泊松分布近似关系的方法.

具体要求 掌握计算二项分布和泊松分布相关概率分布列、分布函数的命令，学会滚动条的制作并能用滚动条对不同的n和p进行滚动控制，从而实现对二项分布和泊松分布近似关系的动态演示并对演示结果进行总结分析.

3.3 实验过程

例3.1 假设生三胞胎的概率是1/10000，试问在100000次生育中：

(1) 恰有10次生三胞胎的概率是多少？

(2) 至多有10次生三胞胎的概率是多少？

解 设X表示在100000次生育中生三胞胎的次数，则$X\sim B(100000,1/10000)$.

(1) 所求概率为$P(X=10)=C_{100000}^{10}(1/10000)^{10}(1-1/10000)^{99990}=0.1251$.

(2) 所求概率为$P(X\leqslant 10)=\sum\limits_{k=0}^{10}C_{100000}^{k}(1/10000)^k(1-1/10000)^{100000-k}=0.5830$.

易见，当试验次数 n 较大时，二项分布的概率值计算是非常烦琐的，此时建议利用 Excel 命令来进行计算：

概率值 $P(X=k)=C_n^k p^k(1-p)^{n-k}$ 可用命令"BINOMDIST(k,n,p,0)"计算；

累积概率 $P(X\leqslant k)=\sum_{i=0}^{k}C_n^i p^i(1-p)^{n-i}$ 可用命令"BINOMDIST(k,n,p,1)"计算.

以上面的例 3.1 为例，对于问题(1)，在任一空白单元格(这里为 A1)中输入函数命令"=BINOMDIST(10,100000,1/10000,0)"，回车后返回的计算结果为 0.125116；对于问题(2)，将上述命令的最后一个选项改为 1 即可，计算结果为 0.583040. 见图 3.1.

	A	B	C	D
1	0.125116	=BINOMDIST(10,100000,1/10000,0)		
2	0.583040	=BINOMDIST(10,100000,1/10000,1)		
3	0.00003717	=BINOMDIST(10,1000,1/500,0)		
4	0.00003819	=POISSON(10, 2, 0)		

图 3.1　二项分布和泊松分布概率计算

例 3.2　在一个大城市里，调查一种稀有的病症，假设每个人得病的概率都是 1/500，现随机选出 1000 个人进行检查. 试问这 1000 人中有 10 个人得该病的概率是多少？

解　设 X 表示在这 1000 人中得病的人数，则 $X\sim B(1000,1/500)$，于是所求概率为

$$P(X=10)=C_{1000}^{10}(1/500)^{10}(1-1/500)^{990}.$$

右端计算很麻烦，可利用上例 3.1 介绍的函数命令，在单元格 A3 内输入"=BINOMDIST(10,1000,1/500,0)"，回车后得到结果 0.00003717.

注意　这里 $n=1000$ 很大，$p=1/500$ 很小，而 $\lambda=np=1000(1/500)=2$，大小适中，所以可用泊松分布命令来作近似计算，即 $P(X=10)\approx 2^{10}e^{-2}/10!=0.0000381899$. 在 Excel 中，

概率值 $P(X=k)=\frac{\lambda^k}{k!}e^{-\lambda}, k=0,1,2,\cdots$ 可用命令"=POISSON(k,λ,0)"计算；

累积概率 $P(X\leqslant k)=\sum_{i=0}^{k}\lambda^i e^{-\lambda}/i!$ 可用命令"=POISSON(k,λ,1)"计算.

以上面的例 3.2 为例，在单元格 A4 中输入命令"=POISSON(10,2,0)"，返回的计算结果为 0.00003819，这个值与实际值 0.00003717 很接近，见图 3.1.

例 3.3　制作滚动条演示二项分布概率如何随着 n 和 p 的变化而变化.

解　仿照实验一的方法，先设置对试验次数 n 的滚动条(n 的值显示在 A3 单元格内)：在 Excel 界面中依次单击【开发工具】/【插入】，在出现的【表单控件】对话框中单击【滚动条(窗体控件)】◂▸，然后再在工作表空白区任意单击即出现的滚动条◂▸，并调整其位置、大小，再右击此滚动条，然后在出现的对话框中设置控件格式，包括最大值、最小值、步长、页步长等，关键是在【单元格链接】框中输入要对其值进行滚动的单元格，本例选择 \$A\$3，并设定其最小值、最大值分别为 1、30，步长为 1，页步长为 1，如图 3.2 所示. 确定后完成设置. 把该滚动条移动到 A4 处，再单击滚动条的左右小黑三角就会发现 A3 中的值(即试验次数 n)在 1～30 之间发生大小变化. 下面考虑对 p 值的滚动：同上先设置一个对 A8 的滚动条，滚动范围是 0～100，步长为 1. 然后在单元格 A7 内填入"=A8/100"，那么 A7 的值(即 p 值)就随着 A8 中数值的变化以步长 0.01=1/100 在 0～1 之间相应变化(为工作表界面简明起见，图 3.3 中已用后一个滚动条遮住了 A8 单元格)，如图 3.3 所示.

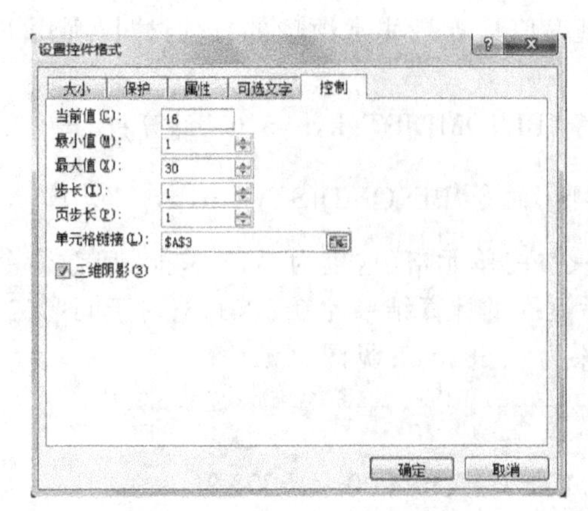

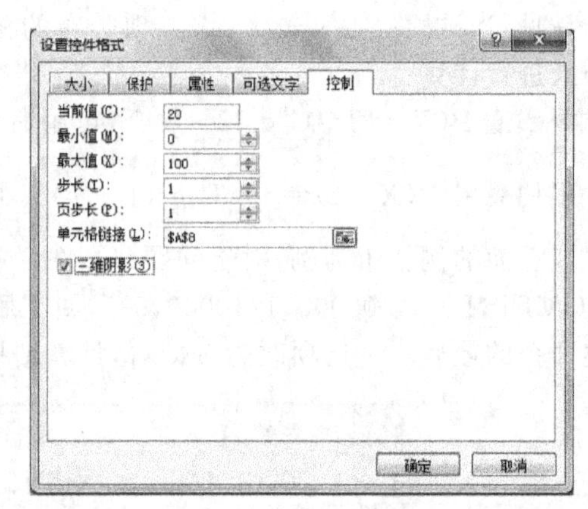

图 3.2　对单元格 A3(试验次数 n)和 A8(概率 p=A8/100)的滚动条设置

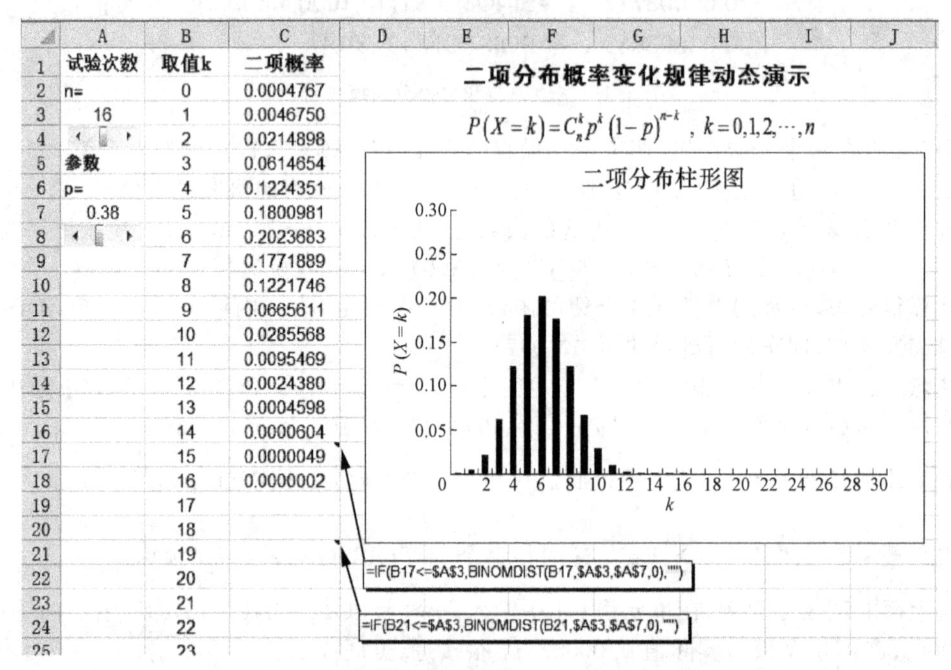

	A	B	C
1	试验次数	取值k	二项概率
2	n=	0	0.0004767
3	16	1	0.0046750
4		2	0.0214898
5	参数	3	0.0614654
6	p=	4	0.1224351
7	0.38	5	0.1800981
8		6	0.2023683
9		7	0.1771889
10		8	0.1221746
11		9	0.0665611
12		10	0.0285568
13		11	0.0095469
14		12	0.0024380
15		13	0.0004598
16		14	0.0000604
17		15	0.0000049
18		16	0.0000002
19		17	
20		18	
21		19	
22		20	
23		21	
24		22	
25		23	

图 3.3　演示二项分布概率随着 n 和 p 的变化而变化

其次,在单元格 B2 和 B3 中分别填入 0 和 1,选取单元格区域 B2:B3,将鼠标移至右下角,出现实心十字时,向下拖放填充至单元格 B32 放开,就可在单元格区域 B2:B32 内得到随机变量 X 的取值 k,$k=0,1,2,\cdots,30$,如图 3.3 所示.

再次,利用函数 BINOMDIST 计算二项分布相应的概率值:先在单元格 C2 中填入命令"=IF(B2<= $A$3,BINOMDIST(B2, $A$3, $A$7,0),"")",算出 C2 中的概率值 $P(X=0)$,这里"$A$3"和"$A$7"表示对 n 和 p 的绝对引用.再将 C2 中计算二项分布概率的公式向下拖放填充至 C32,就可计算出全部满足"<= $A$3"的二项分布概率值 $P(X=k)$,$k=0,1,\cdots,30$,这里 $A$3 表示试验次数,如图 3.3 所示.

最后,利用 Excel 中的【图表向导】绘制出二项分布柱形图.方法是:在 Excel 界面中先选取数据所在的单元格区域 $C$2: $C$32,再依次单击【插入】/【柱形图】,选取子图表类型中的【簇状柱形图】，确定后得到柱形图，再对柱形图做一定修饰，右击柱形图，在出现的对话框中，【水平分类轴】区域选取 $B$2：$B$32，然后调整字号、字体等，最后得到修饰美化后的图形，仍如图 3.3 所示.

至此，只要单击制作好的两个滚动条◂▸之一的左右小黑三角，那么 n 和 p 的值就会发生大小变化，工作表中相应的概率值及柱形图也随之发生变化，这样就能够让我们动态地演示二项分布概率是如何随着 n 和 p 的变化而变化的，从而获得直观而生动地效果. 为简单起见，图 3.4 中给出了三个不同的 n,p 组合情形下的二项分布概率柱形图.

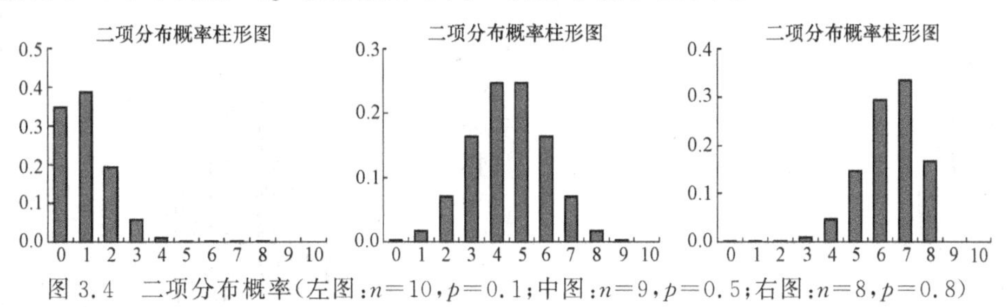

图 3.4　二项分布概率（左图：$n=10,p=0.1$；中图：$n=9,p=0.5$；右图：$n=8,p=0.8$）

例 3.4　制作滚动条演示二项分布概率和泊松分布概率的近似关系.

解　对于二项分布与泊松分布这两个重要分布之间的关系，我们可以在 Excel 中设计动态实验加以动态演示. 实验的设计方法和具体步骤如下：

首先，在单元格 A2 和 A6 中同上例 3.3 分别设置滚动条，以滚动控制二项分布的参数 n 和 p（p 的值即 A5=A6/100），其中 n 的变化范围是 1～30，步长为 1；p 的变化范围是 0～1，步长为 0.01；同时泊松分布的参数 $\lambda(=np)$ 的值显示在单元格 A8（公式为“= $A$2 * $A$5”）中，如图 3.5 所示.

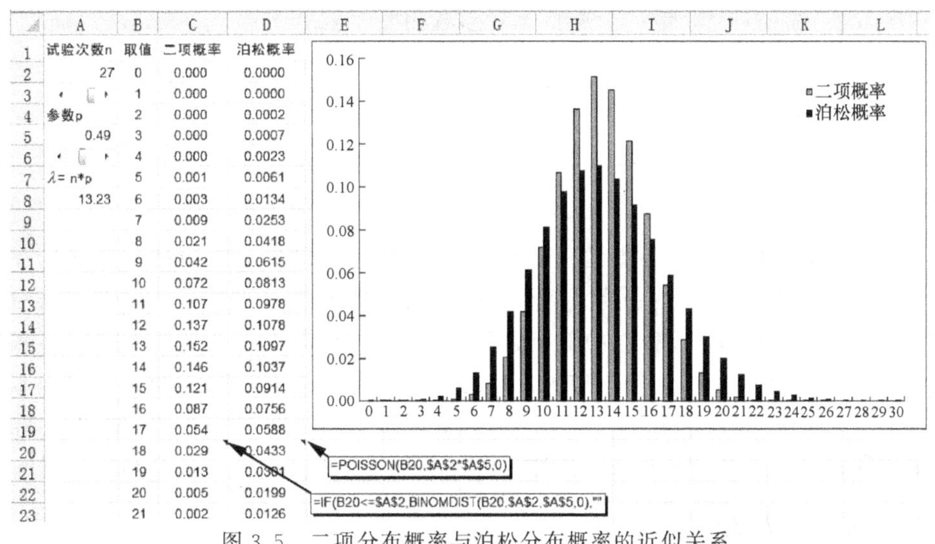

	A	B	C	D
1	试验次数n	取值	二项概率	泊松概率
2	27	0	0.000	0.0000
3		1	0.000	0.0000
4	参数p	2	0.000	0.0002
5	0.49	3	0.000	0.0007
6		4	0.000	0.0023
7	λ= n*p	5	0.001	0.0061
8	13.23	6	0.003	0.0134
9		7	0.009	0.0253
10		8	0.021	0.0418
11		9	0.042	0.0615
12		10	0.072	0.0813
13		11	0.107	0.0978
14		12	0.137	0.1078
15		13	0.152	0.1097
16		14	0.146	0.1037
17		15	0.121	0.0914
18		16	0.087	0.0756
19		17	0.054	0.0588
20		18	0.029	0.0433
21		19	0.013	0.0301
22		20	0.005	0.0199
23		21	0.002	0.0126

图 3.5　二项分布概率与泊松分布概率的近似关系

其次，利用 Excel 的拖放填充功能在单元格区域 B2:B32 中给出随机变量 X 所有可能的取值 k，$k=0,1,2,\cdots,30$. 再利用函数 BINOMDIST 和 POISSON 分别计算对应于每个 k 的二项分布概率和泊松分布概率值，注意，此时泊松分布概率的计算公式为“= POISSON(k, $A$2 * $A$5,0)”. 计算结果分别显示在单元格区域 C2:C32 和 D2:D32 中，如图 3.5 所示.

最后，利用Excel中的【图表向导】工具将二项分布和泊松分布柱形图绘制在一个图表中，并对图形作适当修饰调整，得到图3.5.

这时，只要分别单击参数n和p的滚动条中的左右小黑三角，改变它们的取值，就可以从图形上动态地观察到二项分布与泊松分布之间的取值变化和近似程度.可以直观地看出，当np较小(比如$np<5$)时，两柱形图近似程度较好；当np较大时，近似程度较差.图3.6给出了近似程度好坏的直观比较.

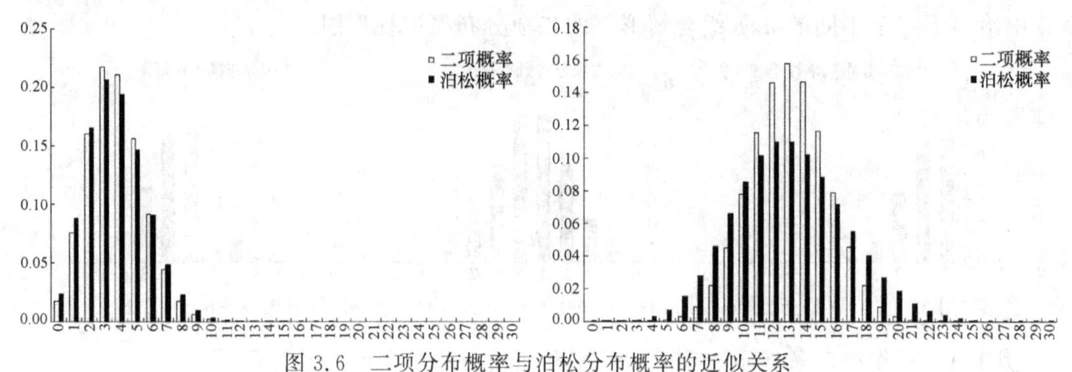

图3.6 二项分布概率与泊松分布概率的近似关系

(左图：$n=25, p=0.15, \lambda=3.75$；右图：$n=25, p=0.52, \lambda=13$)

3.4 讨论

由上面讨论及图形直观比较可知，只有当n很大，p很小，而$np=\lambda$不太大(一般说来，要求$\lambda \leqslant 5$)时，二项分布概率与泊松分布概率的近似关系精度才较高，而当$np=\lambda$较大时，可采用其他方法近似计算二项分布概率的值，后面将要学习的棣莫弗－拉普拉斯中心极限定理就给出了一个较为理想的近似计算方法，请读者参看相关文献.

实验四 正态分布综合实验

4.1 实验原理

正态分布是概率统计中最重要的一个连续型分布，现实世界中大量的随机变量都服从正态分布，如误差、产品寿命、人的身高、体重、学生考试成绩、年降雨量等.一般而言，若一个随机变量可以看成是许多微小的、独立的随机因素的综合反映，那么这个随机变量就服从正态分布，这个结论在理论上是由中心极限定理保证的.许多非正态随机变量的极限分布也服从或者近似服从正态分布.因此掌握与正态分布相关的函数命令对理论学习和实际应用都是必需的，本实验就是利用Excel中与正态分布有关的函数命令来分析处理若干理论和实际问题.

4.2 实验目的及要求

实验目的 通过本实验熟练掌握与正态分布有关的函数命令及作图方法.

具体要求 学习在Excel中计算正态分布的密度函数值和分布函数值的有关命令及作图方法；利用随机数发生器产生正态分布随机数并作直方图；掌握标准正态分布与一般正态分布的函数分位数的计算方法.

4.3　实验过程

例 4.1　分别绘制并比较三个正态分布 $N(-1,0.8^2)$，$N(0,1)$和 $N(1,1.2^2)$的密度函数曲线和分布函数曲线.

解　设 $X\sim N(\mu,\sigma^2)$，其中 μ 为均值，σ 为标准差. 在 Excel 中 X 的密度函数 $f(x)$值可用函数命令“=NORMDIST(x，μ，σ，0)”来计算，对上述三个正态分布的密度函数 $f_1(x)$，$f_2(x)$，$f_3(x)$的计算公式见图 4.1 中的批注，计算结果显示在单元格区域 B2：D82 中. 为了作出三个密度函数的图形，选取全部数据区域 A1：D82，依次单击【插入】/【散点图】/【带平滑线的散点图】，可画出三个正态分布 $N(-1,0.8^2)$，$N(0,1)$和 $N(1,1.2^2)$的密度函数曲线，见图 4.1. 从图 4.1 中可以看出，均值参数 μ 确定了密度曲线的对称轴位置；而参数 σ 决定了曲线的形状，σ 越小，曲线越陡峭，随机点的分布越集中于 μ 附近，反之，σ 越大，则分散程度也越大，曲线越平坦.

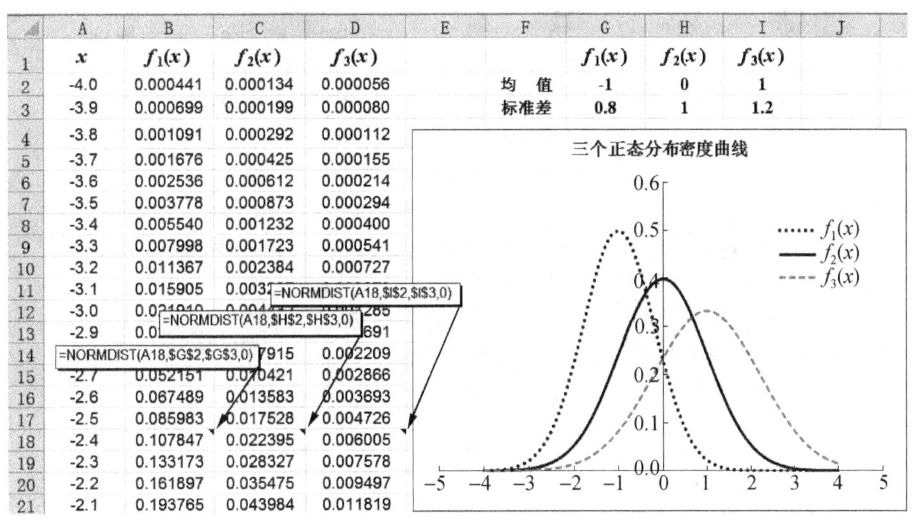

图 4.1　三个正态分布密度函数曲线图

同理，X 的分布函数 $F(x)$的值可用函数命令“=NORMDIST(x，μ，σ，1)”来计算，用类似的方法可画出这三个正态分布函数曲线图，见图 4.2.

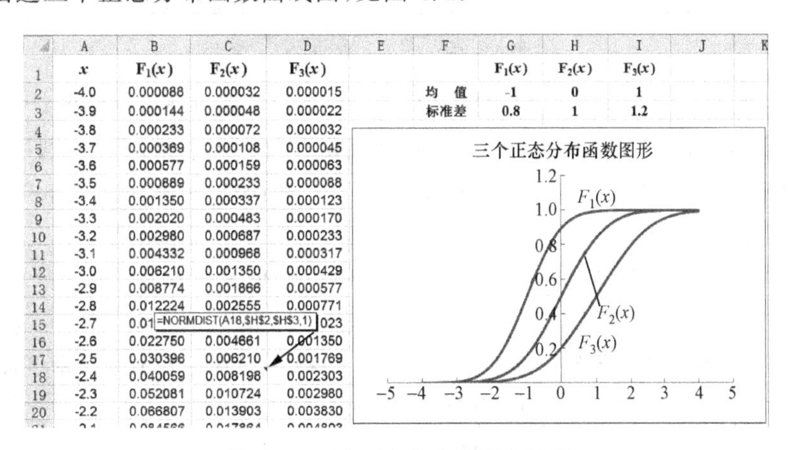

图 4.2　三个正态分布函数曲线图

例 4.2　利用随机数发生器分别产生1000个服从正态分布 $N(6,1)$ 的随机数，并分别取组距为1作直方图及累积百分比曲线图.

解　先在工作表(如图4.3所示)单元格A1输入随机数标题 X，接着在单元格区域A2:A1001中利用随机数发生器产生1000个正态分布 $N(6,1)$ 的随机数. 由正态分布的 3σ 原则，我们知道这些随机点中大约有99.7%落在区间(3,9)内，故可取直方图的横坐标范围，即"接受区域"为1～11，在B2:B12单元格区域中输入这些值. 接着依次单击【数据】/【数据分析工具】/【直方图】，在出现的对话框中按图4.4输入或勾选相关选项，确定后即得直方图. 最后对所得直方图稍加修饰调整，得到图4.3.

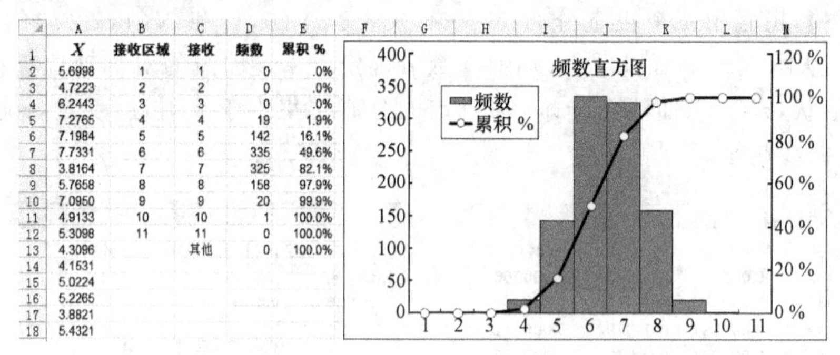

	A	B	C	D	E
1	X	接收区域	接收	频数	累积 %
2	5.6998	1	1	0	.0%
3	4.7223	2	2	0	.0%
4	6.2443	3	3	0	.0%
5	7.2765	4	4	19	1.9%
6	7.1984	5	5	142	16.1%
7	7.7331	6	6	335	49.6%
8	3.8164	7	7	325	82.1%
9	5.7658	8	8	158	97.9%
10	7.0950	9	9	20	99.9%
11	4.9133	10	10	1	100.0%
12	5.3098	11	11	0	100.0%
13	4.3096		其他	0	100.0%
14	4.1531				
15	5.0224				
16	5.2265				
17	3.8821				
18	5.4321				

图 4.3　直方图作法

直方图
输入
输入区域(I): $A$1:$A$1001
接收区域(B): $B$1:$B$12
标志(L)
确定
取消
帮助(H)
输出选项
输出区域(O): $C$1
新工作表组(P):
新工作薄(W)
柏拉图(A)
累积百分率(M)
图表输出(C)

图 4.4　直方图对话框相关选项

例 4.3　连续型随机变量分位数的概念及正态分布分位数在Excel中的计算.

解　设 $X\sim N(\mu,\sigma^2)$，在Excel中 X 的密度函数值和分布函数值可分别用函数命令"=NORMDIST(x,μ,σ,0)"和"=NORMDIST(x,μ,σ,1)"来计算. 实际中常常还会用到正态分布的分位数(quantile).

对任意连续型随机变量 X，设其密度函数为 $f(x)$，分布函数为 $F(x)$，称满足等式

$$F(x_\alpha)=P(X\leqslant x_\alpha)=\alpha$$

的 x_α 为该分布的**左侧**(也称**下侧**)α **分位数**，从几何上来看，α 值的大小等于密度曲线 $f(x)$ 与 x 轴之间位于 x_α 左侧尾部的面积；同理，称满足等式

$$P(X\geqslant x_\alpha')=\alpha$$

的 x'_α 为该分布的**右侧**(也称**上侧**)α **分位数**,从几何上来看,α 值的大小等于密度曲线 $f(x)$与 x 轴之间位于 x'_α 右侧尾部的面积.两者的关系是 $x'_\alpha=x_{1-\alpha}$.

若 $X\sim N(0,1)$,即 X 服从标准正态分布,其密度函数和分布函数规定用 $\varphi(x)$和 $\Phi(x)$分别表示,标准正态分布的左侧 α 分位数常用 U_α 表示,即 U_α 满足 $\Phi(U_\alpha)=P(X\leqslant U_\alpha)=\alpha$,这个 U_α 在 Excel 中可用函数命令"=NORMSINV(α)"计算,对一般正态分布 $X\sim N(\mu,\sigma^2)$,计算左侧 α 分位数的命令为"=NORMINV(α,μ,σ)".图 4.5 中给出了 $N(0,1)$和 $N(3,4)$两个正态分布分位点的计算函数命令.注意,在一般教材中,只能通过反查标准正态分布表可查到标准正态分布的分位数,对非标准正态分布则无法查到.但这个问题在 Excel 中是很容易的事情.

	A	B	C	D	E	F	G
1	α	$N(0,1)$	分位数	函数命令	$N(3,4)$	分位数	函数命令
2	0.025	$U_{0.025}$	-1.960	=NORMSINV(A2)	$x_{0.025}$	-0.920	=NORMINV(A2, 3, 2)
3	0.05	$U_{0.05}$	-1.645	=NORMSINV(A3)	$x_{0.05}$	-0.290	=NORMINV(A3, 3, 2)
4	0.95	$U_{0.95}$	1.645	=NORMSINV(A4)	$x_{0.95}$	6.290	=NORMINV(A4, 3, 2)
5	0.975	$U_{0.975}$	1.960	=NORMSINV(A5)	$x_{0.975}$	6.920	=NORMINV(A5, 3, 2)

图 4.5　标准正态分布及一般正态分布分位数的计算

例 4.4　已知某地某年新生婴儿体重(单位:克)服从正态分布 $N(3250,360^2)$,试用 Excel 中的公式计算该地当年出生的婴儿体重在 2800 克至 3500 克之间的婴儿占多大比例.

解　对非标准正态分布相关概率的计算,通常是将其标准化转化为标准正态分布概率来处理.使用的公式为 $P(a<X\leqslant b)=\Phi\left(\frac{b-\mu}{\sigma}\right)-\Phi\left(\frac{a-\mu}{\sigma}\right)$.但是在 Excel 中不需要经过这个步骤,可以直接用函数公式 NORMDIST$(x,\mu,\sigma,1)$计算.本例所求的概率为 $P(2800\leqslant X\leqslant 3500)$,可直接在任一空白单元格内输入函数命令"=NORMDIST(3500,3250,360,1)−NORMDIST(2800,3250,360,1)",确定后得到计算结果 0.65065.

4.4　讨论

对例 4.1 中正态分布的密度函数和分布函数的图形,也可以对 μ 及 σ 制作滚动条,固定其中一个,用滚动条改变另一个,观察并体会这两个参数的意义.

在任一空白单元格(或区域)内输入函数命令"=NORMINV(RAND( ),μ,σ)",确定后就可产生服从正态分布 $N(\mu,\sigma^2)$的动态随机数,每按一次 F9 键,这个(些)随机数都会发生变化,这便于我们对相关的模拟试验进行动态演示.

概率统计中常用的分布有四种,分别是正态分布、t-分布、χ^2-分布和 F-分布,称它们为四大统计分布.在作统计分析时经常会涉及这些分布的分位数,但在习惯上,正态分布常常使用左侧分位数,而后三个分布,则常常使用右侧分位数,在 Excel 中的分位数函数也正是这样设计的.

实验五　产生服从指定分布随机数

5.1　实验原理

在 Excel 中,利用其数据分析工具中的随机数发生器可产生 7 种随机数,它们分别是正态分布、二项分布、泊松分布、均匀分布、伯努利分布、离散分布和模式分布.实际统计分析中还可能需要更多类型的随机数,本实验就是借助函数变换将均匀分布随机数转化为指定分布的随机数以满足实际需要.这种方法的理论依据如下:

定理 5.1 若 X 的分布函数 $F_X(x)$ 为严格增加的连续函数,$y=F_X(x)$ 的反函数 $x=F_X^{-1}(y)$存在,则 $Y=F_X(X)$服从区间$(0,1)$内的均匀分布.

由此产生具有指定分布函数 $F(x)$的随机数一般方法:

(1) 先产生区间$(0,1)$内的均匀分布随机数 Y;

(2) 再令 $X=F^{-1}(Y)$.

则 X 的分布函数为 $F(x)$,X 就是我们要产生的随机数.

5.2 实验目的及要求

实验目的 通过本实验掌握产生服从指定分布的随机数的方法.

具体要求 首先产生一系列服从均匀分布 $U(0,1)$的随机数,再通过变换分别把它们转换为服从预先指定分布的随机数,并利用所产生的随机数据作直方图.

5.3 实验过程

例 5.1 产生 1000 个均匀分布 $U(0,1)$的随机数,通过变换分别把它们转换为服从参数为 $\lambda=3$ 的指数分布 Exp(3)的随机数,利用这 1000 个指数分布随机数作组距为 0.1 的直方图,并观察它们轮廓线的形状.

解 若 $X\sim \mathrm{Exp}(3)$,即 X 的分布函数为

$$F(x)=\begin{cases}1-\mathrm{e}^{-3x}, & x\geqslant 0,\\ 0, & x<0.\end{cases}$$

则 $y=F(x)$在 $x\geqslant 0$ 时严格增加,其反函数为 $x=-\ln(1-y)/3$.那么先产生 1000 个均匀分布的随机数 $Y\sim U(0,1)$,则相应的 1000 个 $X=-\ln(1-Y)/3$ 就是服从 Exp(3)的随机数.操作如下:

先在 Excel 工作表的 A 列中利用随机数发生器产生 1000 个 $U(0,1)$分布的随机数,在 B 列中用函数命令“=-ln(1-Ai)/3”将 A 列数据转换为 1000 个 Exp(3)分布的随机数,再利用这些随机数作直方图.接收区域取为 D2:D32,频数输出见区域 F2:F32,为了将直方图和指数分布的密度函数曲线相比较,把 F 列中的频数都除以 100 进行尺度调整,作为新的“频率”(见 G 列),见图 5.1 右上图形.接下来在 H 列中用函数命令“=EXPONDIST(x,λ,0)”计算指数分布密度函数在 $x=0,0.1,0.2,\cdots,3$(见 E2:E32)处的值,并画出密度曲线的图形,见图 5.1 右下图形.可以看出直方图的轮廓线和密度函数曲线是较为接近的.

注意 函数命令“=EXPONDIST(x,λ,0)”给出了指数分布的密度函数值;而函数命令“=EXPONDIST(x,λ,1)”给出了指数分布的分布函数值.

例 5.2 产生 1000 个均匀分布 $U(0,1)$的随机数,通过变换把它们转换为服从伽玛分布 Ga(2,2)的随机数,然后对这些随机数作组距为 1 的直方图,并观察它们轮廓线的形状.

解 在 Excel 中,伽玛分布的密度函数表达式采用

$$f(x)=\begin{cases}\dfrac{1}{\Gamma(\alpha)\beta^{\alpha}}x^{\alpha-1}\mathrm{e}^{-\frac{x}{\beta}}, & x\geqslant 0,\\ 0, & x<0.\end{cases}$$

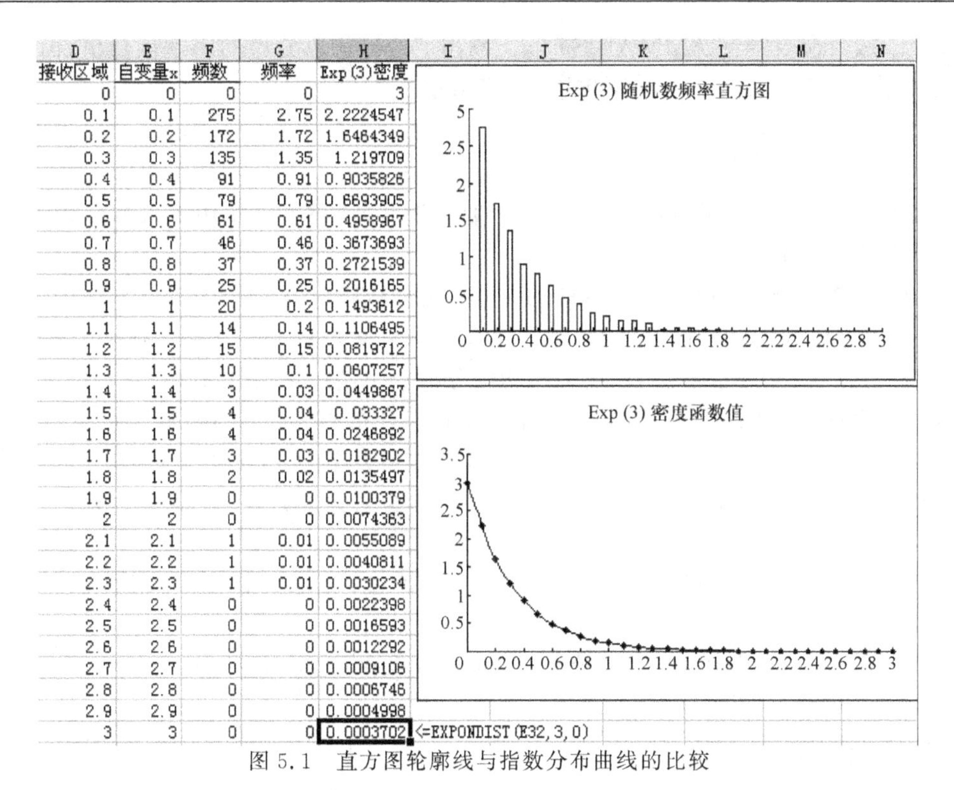

D	E	F	G	H
接收区域	自变量x	频数	频率	Exp (3)密度
0	0	0	0	3
0.1	0.1	275	2.75	2.2224547
0.2	0.2	172	1.72	1.6464349
0.3	0.3	135	1.35	1.219709
0.4	0.4	91	0.91	0.9035826
0.5	0.5	79	0.79	0.6693905
0.6	0.6	61	0.61	0.4958967
0.7	0.7	46	0.46	0.3673693
0.8	0.8	37	0.37	0.2721539
0.9	0.9	25	0.25	0.2016165
1	1	20	0.2	0.1493612
1.1	1.1	14	0.14	0.1106495
1.2	1.2	15	0.15	0.0819712
1.3	1.3	10	0.1	0.0607257
1.4	1.4	3	0.03	0.0449867
1.5	1.5	4	0.04	0.033327
1.6	1.6	4	0.04	0.0246892
1.7	1.7	3	0.03	0.0182902
1.8	1.8	2	0.02	0.0135497
1.9	1.9	0	0	0.0100379
2	2	0	0	0.0074363
2.1	2.1	1	0.01	0.0055089
2.2	2.2	1	0.01	0.0040811
2.3	2.3	1	0.01	0.0030234
2.4	2.4	0	0	0.0022398
2.5	2.5	0	0	0.0016593
2.6	2.6	0	0	0.0012292
2.7	2.7	0	0	0.0009106
2.8	2.8	0	0	0.0006746
2.9	2.9	0	0	0.0004998
3	3	0	0	0.0003702

图 5.1　直方图轮廓线与指数分布曲线的比较

记为 $X \sim \mathrm{Ga}(\alpha, \beta)$，这与我们习惯的伽玛分布的密度函数表达式 $X \sim \mathrm{Ga}(\alpha, \lambda)$ 稍有不同，两者的关系为 $\lambda = 1/\beta$. 对伽玛分布 $\mathrm{Ga}(\alpha, \lambda)$，在 Excel 中，与 $X = F^{-1}(Y)$ 对应的反函数命令为

"=GAMMAINV(Y, α, β)".

当 $\alpha = 1$ 时，$X \sim \mathrm{Ga}(1, \beta)$，即 $X \sim \mathrm{Exp}(1/\beta)$，伽玛分布变成参数 $\lambda = 1/\beta$ 的指数分布；

当 $\alpha = n/2, \beta = 2$（即 $\lambda = 1/2$）时，$X \sim \mathrm{Ga}(n/2, 2)$，即 $X \sim \chi^2(n)$，伽玛分布变为自由度为 n 的卡方分布. $X \sim \mathrm{Ga}(2, 2)$，即 $X \sim \chi^2(4)$.

同例 5.1，先在 Excel 工作表的 A 列中利用随机数发生器产生 1000 个 $U(0,1)$ 分布的随机数，在 B 列中用函数命令"=GAMMAINV(Ai,2,2)"将 A 列中 1000 个随机数转换为 1000 个服从 $\mathrm{Ga}(2,2)$（即 $\chi^2(4)$）的随机数，然后用这些随机数作组距为 1 的直方图，如图 5.2 所示.

再用函数命令"=GAMMADIST(x,2,2,0)"计算伽玛分布 $\mathrm{Ga}(2,2)$ 在 $x = 0, 1, 2, \cdots, 15$ 处的密度函数值；并画出 $\mathrm{Ga}(2,2)$ 的密度曲线图. 由图 5.2 可见，它与直方图拟合良好.

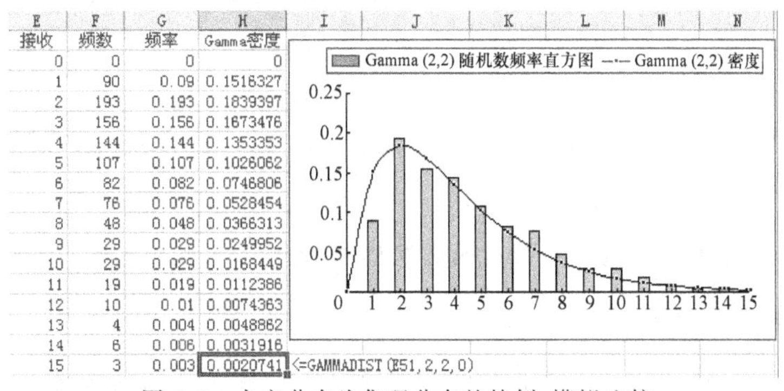

E	F	G	H
接收	频数	频率	Gamma密度
0	0	0	0
1	90	0.09	0.1516327
2	193	0.193	0.1839397
3	156	0.156	0.1673476
4	144	0.144	0.1353353
5	107	0.107	0.1026062
6	82	0.082	0.0746806
7	76	0.076	0.0528454
8	48	0.048	0.0366313
9	29	0.029	0.0249952
10	29	0.029	0.0168449
11	19	0.019	0.0112386
12	10	0.01	0.0074363
13	4	0.004	0.0048862
14	6	0.006	0.0031916
15	3	0.003	0.0020741

图 5.2　卡方分布为伽玛分布的特例：模拟比较

注意 函数命令“=GAMMADIST(x,α,β,0)”给出伽玛分布的密度函数值;而函数命令“=GAMMADIST(x,α,β,1)”给出相应分布函数值.

5.4 讨论

要在Excel中产生随机数,除了使用随机数发生器外,还可以使用随机数函数.一些常见分布的动态随机数命令罗列如下:

(1) RAND( ):产生区间(0,1)内的均匀分布随机数;

(2) RANDBTWEEN(m,n):等可能产生介于两个整数 m 和 n 之间的任一个整数;

(3) α+RAND( ) * (b−a):产生动态均匀分布 $U(a,b)$ 的随机数;

(4) NORMINV(RAND( ),μ,σ):产生动态正态分布 $N(\mu,\sigma^2)$ 的随机数;

(5) CRITBINOM(n,p,RAND( )):产生动态二项分布 $B(n,p)$ 的随机数;

(6) CRITBINOM(1,p,RAND( )):产生动态伯努利分布 $B(1,p)$ 的随机数;

……

上面产生的随机数均可以动态变化,每按一次F9键,随机数就变化一次.

实验六 经验分布函数图形的绘制与演示

6.1 实验原理

设 $F(x)$ 是总体 X 的分布函数,$X_1,X_2,\cdots,X_n$ 是来自总体 X 的简单随机样本.对任意一个实数 x,定义函数

$$F_n(x)=\frac{\#(X_i\leqslant x)}{n},\quad -\infty<x<\infty,\tag{6.1}$$

其中 $\#(X_i\leqslant x)$ 表示样本 $X_1,X_2,\cdots,X_n$ 中小于或等于 x 的个数,或者说,$F_n(x)$ 是事件“$X\leqslant x$”发生的频率.易见 $F_n(x)$ 满足分布函数的性质(即单调增加、有界、右连续等),故 $F_n(x)$ 为一分布函数,称 $F_n(x)$ 为总体 X 的**经验分布函数**.由格列汶科定理知

$$P\left(\lim_{n\to\infty}\sup_{-\infty<x<\infty}|F_n(x)-F(x)|=0\right)=1.$$

该定理说明 $F_n(x)$ 在整个实数轴上以概率1均匀收敛于 $F(x)$.当样本容量 n 充分大时,经验分布函数 $F_n(x)$ 可以作为总体分布函数 $F(x)$ 的一个良好的近似,这是数理统计学中以样本推断总体的理论依据.

当给定样本值 $(X_1,X_2,\cdots,X_n)=(x_1,x_2,\cdots,x_n)$ 时,若将样本值 $x_1,x_2,\cdots,x_n$ 从小到大排序:$x_{(1)}\leqslant x_{(2)}\leqslant\cdots\leqslant x_{(n)}$,可得到有序样本 $x_{(1)},x_{(2)},\cdots,x_{(n)}$,由(6.1)知,$F_n(x)$ 的形式为

$$F_n(x)=\begin{cases}0, & x<x_{(1)},\\ \dfrac{k}{n}, & x_{(k)}\leqslant x<x_{(k+1)},\quad k=1,2,\cdots,n-1,\\ 1, & x\geqslant x_{(n)}.\end{cases}\tag{6.2}$$

这就是根据样本观测值得到的经验分布函数的具体形式.

6.2 实验目的及要求

实验目的 理解经验分布函数的构成,经验分布函数是样本的函数,随着样本观测值的变

化而变化，通过实验学习经验分布函数图形的绘制方法和动态演示过程.

具体要求　任意产生一组随机样本，对该样本从小到大排序；然后利用排序后的样本作经验分布函数图形；让样本动态发生变化，观察相应的经验分布函数的数值和图形的变化，写出实验体会.

6.3　实验过程

为了说明经验分布函数图形的绘制和动态演示过程，我们通过一个实例来进行讲解.

例 6.1　绘制经验分布函数图形并动态演示过程.

解　在 Excel 中随机产生一个服从均匀分布 $U(1,6)$ 的样本容量 $n=4$ 的随机样本. 如图 6.1 所示，在单元格 A2 中输入产生均匀分布 $U(1,6)$ 的随机数命令"＝1＋5 * rand( )"，再将其拖放填充至 A5，就可在单元格区域 A2:A5 中产生 4 个样本观测值 x_1,x_2,x_3,x_4，每按一次 F9 键，这些随机数都会发生变化，这为我们进行动态演示带来方便，这里

$$x_1=3.82,\ x_2=2.81,\ x_3=1.32,\ x_4=4.44.$$

接着我们把观测值 x_1,x_2,x_3,x_4 从小到大排序，在单元格区域 B2:B5 中分别使用命令"＝SMALL($A$2: $A$5,k)"(k＝1,2,3,4)，得到顺序样本观测值：

$$x_{(1)}=1.32,\ x_{(2)}=2.81,\ x_{(3)}=3.82,\ x_{(4)}=4.44.$$

在此基础上，我们可以利用条件语句和散点图绘制经验分布函数的图形. 由(6.2)可知，此时经验分布函数的表达式为

$$F_n(x)=\begin{cases}0, & x<1.32,\\ 0.25, & 1.32\leqslant x<2.81,\\ 0.5, & 2.81\leqslant x<3.82,\\ 0.75, & 3.82\leqslant x<4.44,\\ 1, & x\geqslant 4.44.\end{cases}\tag{6.3}$$

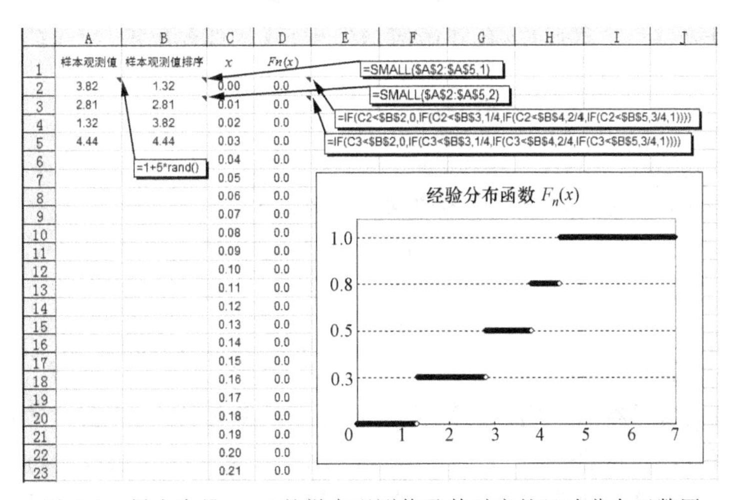

图 6.1　样本容量 $n=4$ 的样本观测值及其对应的经验分布函数图

在单元格 C2 内输入起始值 0，单击【编辑】/【填充】/【系列】，在出现的对话框中如图 6.2 输入相应选项，就可以在单元格区域 C2:C702 中顺序产生 0，0.01，0.02，…，7 共 703 个自变量 x 的取值序列.

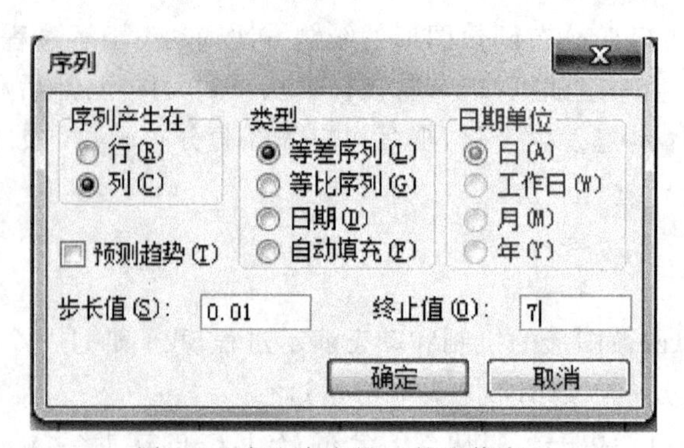

图 6.2　产生自变量 x 的取值序列

对于单元格区域 C2:C702 中任意一个单元格中 x 的取值，图 6.1 右侧(D 列)对应的单元格内为相应经验分布函数 $F_n(x)$的值，$F_n(x)$的值按公式(6.3)来计算，具体计算公式为

"= IF($x < x_{(1)}$,0,IF($x < x_{(2)}$,0.25,IF($x < x_{(3)}$,0.5,IF($x < x_{(4)}$,0.75,1))))".

例如，单元格 D2 内的计算公式就应为

"=IF(C2 < $B$2,0,IF(C2 < $B$3,0.25,IF(C2 < $B$4,0.5,
IF(C2 < $B$5,0.75,1))))".

再利用拖放填充功能将单元格 D2 内的计算公式复制到整个单元格区域 D2:D702 中，就自动计算出所有 $F_n(x)$的取值.

最后，利用单元格区域 C2:C702 中自变量 x 的取值和 D2:D702 中经验分布函数 $F_n(x)$的值画出散点图，经过修饰调整后如图 6.1 所示. 图中每一条水平线段右端的空心点可这样画出，鼠标右击图形中任一数据点，在弹出对话框中选择【设置数据系列格式】，再在弹出对话框中选【数据标记选项】/【内置】，类型选择"◦"，大小选 5 磅，就可得出图 6.1 的效果.

注意　最后一个数据点(7,1)的"数据点格式"要改成实心点，以体现经验分布函数右连续的性质. 只要双击最后一个数据点，在弹出对话框中选【数据标记填充】/【纯色填充】，颜色选"深蓝色"即可.

6.4　讨论

经验分布函数(6.2)可以看成服从离散均匀分布

$$\begin{bmatrix} x_{(1)} & x_{(2)} & \cdots & x_{(n)} \\ \frac{1}{n} & \frac{1}{n} & \cdots & \frac{1}{n} \end{bmatrix}$$

的随机变量 X 的分布函数. 但要注意 $x_{(1)},x_{(2)},\cdots,x_{(n)}$ 只是顺序统计量 $X_{(1)},X_{(2)},\cdots,X_{(n)}$ 的一组取值，而后者随着样本 $X_1,X_2,\cdots,X_n$ 的不同而随机变化的. 上面设计的这个实验恰好能反映这种随机变化过程，每按一次 F9 键，x_1,x_2,x_3,x_4 发生一次变化，$x_{(1)},x_{(2)},x_{(3)},x_{(4)}$ 也随之发生相应变化，经验分布函数的图形也随之发生动态变化，这就给我们留下生动而直观的印象，加深对经验分布函数 $F_n(x)$的理解.

进一步，若总体 $X \sim N(10,4^2)$，能否用其他简单函数命令绘制样本 $X_1,X_2,\cdots,X_{100}$ 的经验分布 $F_n(x)$与总体分布函数 $F(x)$的对比图?

实验七　正态总体参数的区间估计与模拟

7.1　实验原理

参数估计是假设检验的主要内容之一,包括点估计和区间估计.若总体 X 的分布函数形式已知,但它的一个或多个参数 θ 未知,则由总体 X 的一个样本去估计 θ 的问题就是参数的点估计问题.评价点估计的优良标准主要有无偏性、一致性和有效性.而由样本构造一个随机区间(其上、下限均与样本有关),使其能够以较大的概率 $1-\alpha$(称**置信度**)包含总体参数 θ,则该随机区间就是总体参数 θ 的一个置信度为 $1-\alpha$ 的置信区间.通常,一个好的区间估计应该具有较大的置信度和长度较短的置信区间.

区间估计的步骤简述如下:

(1) 首先构造一个样本和参数 θ 的函数 $G(X_1,X_2,\cdots,X_n,\theta)$,使得 G 的分布不依赖于未知参数 θ,一般称具有这种性质的 G 为**枢轴量**.

(2) 根据 G 的分布,选择两个常数 c,d,使对给定的 $\alpha(0<\alpha<1)$,有

$$P(c\leqslant G\leqslant d)=1-\alpha.$$

(3) 将 $c\leqslant G\leqslant d$ 等价变形为 $\hat{\theta}_L\leqslant\theta\leqslant\hat{\theta}_U$,则有

$$P(\hat{\theta}_L\leqslant\theta\leqslant\hat{\theta}_U)=1-\alpha.$$

因此 $(\hat{\theta}_L,\hat{\theta}_U)$ 就为 θ 的一个置信度为 $1-\alpha$ 的区间估计.

设总体 X 服从正态分布:$X\sim N(\mu,\sigma^2)$,而 $X_1,X_2,\cdots,X_n$ 是来自总体 X 的简单随机样本,$\overline{X}=\frac{1}{n}\sum\limits_{i=1}^{n}X_i$ 为样本均值,$S^2=\frac{1}{n-1}\sum\limits_{i=1}^{n}(X_i-\overline{X})^2$ 为修正样本方差.考虑均值参数 μ 的区间估计,分两种情形:

情形 1　设总体 $X\sim N(\mu,\sigma^2)$,方差 σ^2 已知,则对给定的 $\alpha(0<\alpha<1)$,总体均值 μ 的置信度为 $1-\alpha$ 的置信区间为

$$\left(\overline{X}-\frac{\sigma}{\sqrt{n}}U_{1-\alpha/2},\ \overline{X}+\frac{\sigma}{\sqrt{n}}U_{1-\alpha/2}\right).\tag{7.1}$$

情形 2　设总体 $X\sim N(\mu,\sigma^2)$,方差 σ^2 未知,则对给定的 $\alpha(0<\alpha<1)$,总体均值 μ 的置信度为 $1-\alpha$ 的置信区间为

$$\left(\overline{X}-\frac{S}{\sqrt{n}}t_{\alpha/2}(n-1),\ \overline{X}+\frac{S}{\sqrt{n}}t_{\alpha/2}(n-1)\right).\tag{7.2}$$

情形 3　设总体 $X\sim N(\mu,\sigma^2)$,均值 μ 未知,因为 σ^2 的无偏估计量为 S^2,并且 $\frac{(n-1)S^2}{\sigma^2}\sim\chi^2(n-1)$,由此可得 σ^2 的置信度为 $1-\alpha$ 的置信区间为

$$\left(\frac{(n-1)S^2}{\chi^2_{\alpha/2}(n-1)},\ \frac{(n-1)S^2}{\chi^2_{1-\alpha/2}(n-1)}\right).$$

7.2　实验目的及要求

实验目的　理解区间估计的原理和方法,掌握对正态总体参数进行区间估计的步骤,并能对估计结果进行合理解释.

具体要求 对正态总体 $X\sim N(\mu,\sigma^2)$ 在方差 σ^2 已知及未知两种情形下求均值参数 μ 的区间估计；对正态总体 $X\sim N(\mu,\sigma^2)$ 在均值 μ 未知的情形下求参数 σ^2 的区间估计；产生动态正态总体随机数并利用股价图来演示随机区间的变化情况；对双正态总体情形，讨论在给定条件下求均值差及方差比的区间估计.

7.3 实验过程

例 7.1(在总体方差 σ^2 已知及未知两种情形下均值参数 μ 的区间估计) 设从一大批袋装糖果中随机地取出 16 袋，称得重量(单位：g)如下：

508, 507.68, 498.5, 502, 503, 511, 498, 511,

513, 506, 492, 497, 506.5, 501, 510, 498.

设袋装糖果的重量近似地服从正态分布，试求总体均值的区间估计(置信度取为 0.95).

解 若总体方差已知：$\sigma^2=25$，按图 7.1 输入相关选项即可得到参数 μ 的区间估计.

	A	B	C	D	E
1	方差已知时置信区间： $\left(\bar{X}-\frac{\sigma}{\sqrt{n}}U_{1-\alpha/2},\ \bar{X}+\frac{\sigma}{\sqrt{n}}U_{1-\alpha/2}\right)$				
2	序号	数据	选项	计算结果	公式说明
3	1	508.00	样本容量	16	已知
4	2	507.68	样本均值	503.92	=AVERAGE(B3:B18)
5	3	498.50	总体标准差	5	已知
6	4	502.00	检验水平 α	0.05	给定
7	5	503.00	置信度	0.95	=1-D6
8	6	511.00	分位数 $u_{1-\alpha/2}$	1.96	=NORMSINV(1-D6/2)
9	7	498.00	置信下限	501.47	=D4-D5*D8/SQRT(D3)
10	8	511.00	置信上限	506.37	=D4+D5*D8/SQRT(D3)
11	9	513.00			
12	10	506.00	置信区间		(501.47, 506.37)
13	11	492.00			
14	12	497.00			
15	13	506.50			
16	14	501.00			
17	15	510.00			
18	16	498.00			

图 7.1 单个正态总体均值参数的区间估计(方差已知)

若方差未知，则可按图 7.2 输入相关选项即可得到参数 μ 的区间估计.

例 7.2(在总体均值 μ 未知情形下方差参数 σ^2 的区间估计) 数据同例 7.1，设从一大批袋装糖果中随机地取出 16 袋，称得重量(单位：g)如下：

508, 507.68, 498.5, 502, 503, 511, 498, 511,

513, 506, 492, 497, 506.5, 501, 510, 498.

设袋装糖果的重量近似地服从正态分布，试求方差的区间估计(置信度取为 0.95).

解 按图 7.3 输入相关选项即可得到参数 σ^2 的区间估计.

例 7.3 待估总体参数 θ 虽然未知，但它是非随机的，而 θ 的置信区间却是随机的，这是因为区间的上、下限均是样本的函数，均含有随机变量. 所以我们不能说“参数 θ 落入置信区间的概率为 $1-\alpha$”，而应该说“随机置信区间包含参数 θ 的概率为 $1-\alpha$”. 借助 Excel 中的股价图的作图方法，对置信区间的这种特性进行动态展示.

	A	B	C	D	E
1	方差未知时置信区间：$\left(\bar{X}-\frac{S}{\sqrt{n}}t_{\alpha/2}(n-1),\ \bar{X}+\frac{S}{\sqrt{n}}t_{\alpha/2}(n-1)\right)$				
2	序号	数据	选项	计算结果	公式说明
3	1	508.00	样本容量	16	已知
4	2	507.68	自由度	15	
5	3	498.50	样本均值	503.92	=AVERAGE(B3:B18)
6	4	502.00	样本标准差 S	6.13	=STDEV(B3:B18)
7	5	503.00	检验水平 α	0.05	给定
8	6	511.00	置信度	0.95	=1-D7
9	7	498.00	分位数 $t_{\alpha/2}(n-1)$	2.13	=TINV(D7,D4)
10	8	511.00	置信下限	500.65	=D5-D6*D9/SQRT(D3)
11	9	513.00	置信上限	507.18	=D5+D6*D9/SQRT(D3)
12	10	506.00			
13	11	492.00	置信区间		(500.65, 507.18)
14	12	497.00			
15	13	506.50			
16	14	501.00			
17	15	510.00			
18	16	498.00			

图 7.2　单个正态总体均值参数的区间估计(方差未知)

	A	B	C	D	E
1	均值未知时方差的置信区间：$\left(\frac{(n-1)S^2}{\chi^2_{\alpha/2}(n-1)},\ \frac{(n-1)S^2}{\chi^2_{1-\alpha/2}(n-1)}\right)$				
2	序号	数据	选项	计算结果	公式说明
3	1	508.00	样本容量	16	已知
4	2	507.68	自由度	15	
5	3	498.50	样本均值	503.92	=AVERAGE(B3:B18)
6	4	502.00	样本标准差 S	6.13	=STDEV(B3:B18)
7	5	503.00	检验水平 α	0.05	给定
8	6	511.00	置信度	0.95	=1-D7
9	7	498.00	分位数 $\chi^2_{\alpha/2}(n-1)$	27.49	=CHIINV(D7/2,D4)
10	8	511.00	分位数 $\chi^2_{1-\alpha/2}(n-1)$	6.26	=CHIINV(1-D7/2,D4)
11	9	513.00	置信下限	20.52	=D4*D6^2/D9
12	10	506.00	置信上限	90.05	=D4*D6^2/D10
13	11	492.00			
14	12	497.00	置信区间		(20.52, 90.05)
15	13	506.50			
16	14	501.00			
17	15	510.00			
18	16	498.00			

图 7.3　单个正态总体方差参数的区间估计(总体均值未知)

解　先在单元格 B2 内输入"＝NORMINV(RAND( ),8,1)",然后将此公式拖放填充至J101,就可以在单元格区域 B2:J101 中生成 100 份容量均为 9 的服从正态分布 $N(8,1)$的随机样本,每一行(如 B2:J2)就是一份随机样本,再根据置信区间公式,借助均值函数和标准差函数等计算出每一份样本的均值和相应置信区间的上限和下限,再依次单击【插入】/【其他图表】/【股价图】,选择【盘高—盘底—收盘图】,按【上限—下限—样本均值】的顺序作图,经过适当修饰后,最后的结果如图 7.4 所示.这时就可以对置信区间进行动态展示了,每按一次 F9 键,工作表中的样本数据和图形都会发生变化,最后一列的单元格给出了包含参数 $\theta=8$ 的置信区间个数.

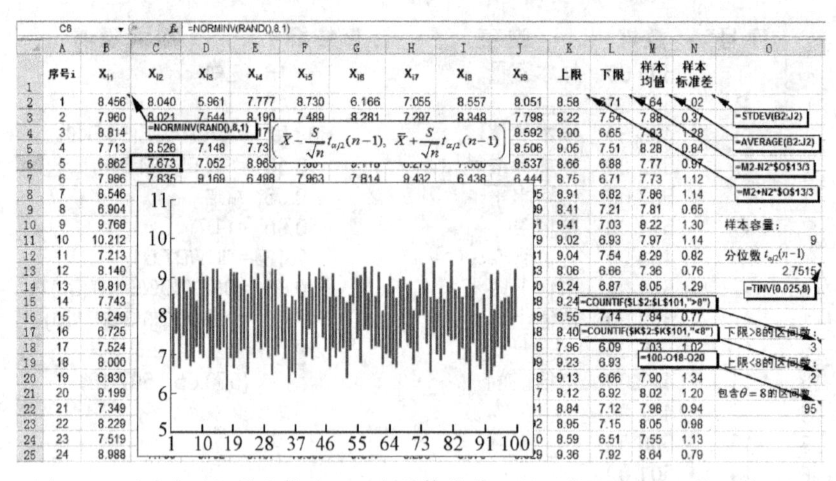

图 7.4　用动态随机样本构造 100 个总体均值 μ 的置信度为 0.95 的置信区间

7.4　讨论

1. 设 $X_1,X_2,\cdots,X_m$ 是来自总体 $X\sim N(\mu_1,\sigma^2)$ 的样本,$Y_1,Y_2,\cdots,Y_n$ 是来自总体 $Y\sim N(\mu_2,\sigma^2)$ 的样本,且 X 与 Y 相互独立.记 $\overline{X}=\frac{1}{m}\sum\limits_{i=1}^{m}X_i$,$S_X^2=\frac{1}{m-1}\sum\limits_{i=1}^{m}(X_i-\overline{X})^2$,$\overline{Y}=\frac{1}{n}\sum\limits_{i=1}^{n}Y_i$,$S_Y^2=\frac{1}{n-1}\sum\limits_{i=1}^{n}(Y_i-\overline{Y})^2$ 及 $S_w^2=\frac{(m-1)S_X^2+(n-1)S_Y^2}{m+n-2}$,则因为

$$t=\sqrt{\frac{mn}{m+n}}\frac{\overline{X}-\overline{Y}-(\mu_1-\mu_2)}{S_w}\sim t(n+m-2).$$

所以,均值差 $\mu_1-\mu_2$ 的置信度为 $1-\alpha$ 的置信区间为

$$\left(\overline{X}-\overline{Y}-\sqrt{\frac{m+n}{mn}}S_w t_{\alpha/2}(m+n-2),\ \overline{X}-\overline{Y}+\sqrt{\frac{m+n}{mn}}S_w t_{\alpha/2}(m+n-2)\right).$$

2. 设 $X_1,X_2,\cdots,X_m$ 是来自总体 $X\sim N(\mu_1,\sigma_1^2)$ 的样本,$Y_1,Y_2,\cdots,Y_n$ 是来自总体 $Y\sim N(\mu_2,\sigma_2^2)$ 的样本,且 X 与 Y 相互独立,其余符号同上.又设 μ_1,μ_2 未知.因为 $F=\frac{S_X^2/\sigma_1^2}{S_Y^2/\sigma_2^2}\sim F(m-1,n-1)$,所以可得方差比 σ_1^2/σ_2^2 的置信度为 $1-\alpha$ 的置信区间为

$$\left(\frac{S_X^2}{S_Y^2}\cdot\frac{1}{F_{\alpha/2}(m-1,n-1)},\ \frac{S_X^2}{S_Y^2}\cdot\frac{1}{F_{1-\alpha/2}(m-1,n-1)}\right).$$

讨论题(两个正态总体数学期望的差和方差的商的区间估计)　设从 A 批导线中随机抽取 4 根导线,又从 B 批导线中随机抽取 5 根导线,测得电阻(单位:Ω)为

A 批导线:0.142, 0.140, 0.144, 0.136;

B 批导线:0.138, 0.140, 0.134, 0.138, 0.142.

设测得的导线电阻值服从正态分布,且两个样本相互独立.试求两总体数学期望之差和方差之比的置信区间(置信度取为 0.95).

实验八　四大统计分布表的制作

8.1　实验原理

四大统计分布是指统计推断中常用的正态分布、t 分布、χ^2 分布和 F 分布. 在做参数估计和假设检验时,常常需要这些分布的分位数. 一般的概率统计教材通常会给出这些统计分布的分位数表,但通过翻书查表来得到分位数,一方面不太方便,另一方面在统计分布分位数表中能够查到的分位数个数也很有限. 然而利用 Excel 提供的统计函数可以很容易地用一条命令得到这四大统计分布关于任意检验水平 α 的分位数. 再结合 Excel 的混合引用功能,读者可以轻松地制作四大统计分布分位数表.

8.2　实验目的及要求

实验目的　学会利用 Excel 提供的统计函数计算四大统计分布的分位数并利用混合引用功能制作统计分布表.

具体要求　利用 NORMSDIST 函数命令制作标准正态分布表;利用 NORMSINV 函数命令制作标准正态左侧分位数表;利用 TINV 函数命令制作 t 分布双侧及右侧分位数表;利用 CHIINV 和 FINV 函数命令分别制作 χ^2 分布和 F 分布的右侧分位数表.

8.3　实验过程

若总体 $X \sim N(\mu,\sigma^2)$,那么 X 的分布函数 $F(x)$的值可用统计函数命令"=NORMDIST(x,μ,σ,1)"来计算. 通常,非标准正态分布都是转化为标准正态分布来进行计算. 对任意实数 x,标准正态分布函数 $\Phi(x)$可以用命令"=NORMSDIST(x)"来计算. 在后面表 8.1 中的单元格 B2 内输入函数命令"=NORMSDIST($A2+B $1)",这里 x= $A2+B $1,即 $x=0.0+0.00=0.00$,也即用 A 列中的数值确定 x 的个位和小数点后第一位的数值,而用第一行的数值确定 x 的小数点后第二位的数值. 再把 B2 中的公式拖放填充至 K42,就完成了标准正态分布表的制作. 此时双击表中任一单元格,如 C42,就可看到该单元格内 $\Phi(x)$的计算公式"=NORMSDIST($A42+C $1)",即"=NORMSDIST(4.0+0.01)= NORMSDIST(4.01)".

要计算标准正态分布的左侧分位数 x_α,即 x_α 满足 $\Phi(x_\alpha)=\alpha$,可在 Excel 中使用函数命令"=NORMSINV(α)". 这里的左尾概率 α 同样可用上述方法来表示,如表 8.2 中单元格 C51 内的分位数的值就是用函数命令"=NORMSINV($A51+B $1)"计算出来的.

在 Excel 中,函数命令"=TINV(α,n)"计算的 $t_\alpha(n)$是自由度为 n 的 t 分布的双侧分位数,即 $t_\alpha(n)$满足 $P(|t|>t_\alpha(n))=\alpha$. 从几何上来看,左、右尾面积各自只有 $\alpha/2$,而左、右尾面积之和才等于 α,故计算 t 分布右侧 α 分位数的函数命令应为"=TINV(2α,n)". 类似地,可用函数命令"=CHIINV(α,n)"计算自由度为 n 的 χ^2 分布的右侧 α 分位数. 用函数命令"=FINV(α,m,n)"计算第一自由度为 m,第二自由度为 n 的 F 分布的右侧 α 分位数. 见表 8.3、表 8.4 和表 8.5 中阴影单元格的公式说明.

8.4　讨论

上面对四大统计分布分位数的讨论中,有的是使用左侧分位数,有的是使用右侧分位数,请讨论两者之间的关系,并在 Excel 中给出相应的函数命令.

表8.1 标准正态分布表

	A	B	C	D	E	F	G	H	I	J	K
1	**x**	**0.00**	**0.01**	**0.02**	**0.03**	**0.04**	**0.05**	**0.06**	**0.07**	**0.08**	**0.09**
2	**0.0**	0.5000	0.5040	0.5080	0.5120	0.5160	0.5199	0.5239	0.5279	0.5319	0.5359
3	**0.1**	0.5398	0.5438	0.5478	0.5517	0.5557	0.5596	0.5636	0.5675	0.5714	0.5753
4	**0.2**	0.5793	0.5832	0.5871	0.5910	0.5948	0.5987	0.6026	0.6064	0.6103	0.6141
5	**0.3**	0.6179	0.6217	0.6255	0.6293	0.6331	0.6368	0.6406	0.6443	0.6480	0.6517
6	**0.4**	0.6554	0.6591	0.6628	0.6664	0.6700	0.6736	0.6772	0.6808	0.6844	0.6879
7	**0.5**	0.6915	0.6950	0.6985	0.7019	0.7054	0.7088	0.7123	0.7157	0.7190	0.7224
8	**0.6**	0.7257	0.7291	0.7324	0.7357	0.7389	0.7422	0.7454	0.7486	0.7517	0.7549
9	**0.7**	0.7580	0.7611	0.7642	0.7673	0.7704	0.7734	0.7764	0.7794	0.7823	0.7852
10	**0.8**	0.7881	0.7910	0.7939	0.7967	0.7995	0.8023	0.8051	0.8078	0.8106	0.8133
11	**0.9**	0.8159	0.8186	0.8212	0.8238	0.8264	0.8289	0.8315	0.8340	0.8365	0.8389
12	**1.0**	0.8413	0.8438	0.8461	0.8485	0.8508	0.8531	0.8554	0.8577	0.8599	0.8621
13	**1.1**	0.8643	0.8665	0.8686	0.8708	0.8729	0.8749	0.8770	0.8790	0.8810	0.8830
14	**1.2**	0.8849	0.8869	0.8888	0.8907	0.8925	0.8944	0.8962	0.8980	0.8997	0.9015
15	**1.3**	0.9032	0.9049	0.9066	0.9082	0.9099	0.9115	0.9131	0.9147	0.9162	0.9177
16	**1.4**	0.9192	0.9207	0.9222	0.9236	0.9251	0.9265	0.9279	0.9292	0.9306	0.9319
17	**1.5**	0.9332	0.9345	0.9357	0.9370	0.9382	0.9394	0.9406	0.9418	0.9429	0.9441
18	**1.6**	0.9452	0.9463	0.9474	0.9484	0.9495	0.9505	0.9515	0.9525	0.9535	0.9545
19	**1.7**	0.9554	0.9564	0.9573	0.9582	0.9591	0.9599	0.9608	0.9616	0.9625	0.9633
20	**1.8**	0.9641	0.9649	0.9656	0.9664	0.9671	0.9678	0.9686	0.9693	0.9699	0.9706
21	**1.9**	0.9713	0.9719	0.9726	0.9732	0.9738	0.9744	0.9750	0.9756	0.9761	0.9767
22	**2.0**	0.9772	0.9778	0.9783	0.9788	0.9793	0.9798	0.9803	0.9808	0.9812	0.9817
23	**2.1**	0.9821	0.9826	0.9830	0.9834	0.9838	0.9842	0.9846	0.9850	0.9854	0.9857
24	**2.2**	0.9861	0.9864	0.9868	0.9871	0.9875	0.9878	0.9881	0.9884	0.9887	0.9890
25	**2.3**	0.9893	0.9896	0.9898	0.9901	0.9904	0.9906	0.9909	0.9911	0.9913	0.9916
26	**2.4**	0.9918	0.9920	0.9922	0.9925	0.9927	0.9929	0.9931	0.9932	0.9934	0.9936
27	**2.5**	0.9938	0.9940	0.9941	0.9943	0.9945	0.9946	0.9948	0.9949	0.9951	0.9952
28	**2.6**	0.9953	0.9955	0.9956	0.9957	0.9959	0.9960	0.9961	0.9962	0.9963	0.9964
29	**2.7**	0.9965	0.9966	0.9967	0.9968	0.9969	0.9970	0.9971	0.9972	0.9973	0.9974
30	**2.8**	0.9974	0.9975	0.9976	0.9977	0.9977	0.9978	0.9979	0.9979	0.9980	0.9981
31	**2.9**	0.9981	0.9982	0.9982	0.9983	0.9984	0.9984	0.9985	0.9985	0.9986	0.9986
32	**3.0**	0.9987	0.9987	0.9987	0.9988	0.9988	0.9989	0.9989	0.9989	0.9990	0.9990
33	**3.1**	0.9990	0.9991	0.9991	0.9991	0.9992	0.9992	0.9992	0.9992	0.9993	0.9993
34	**3.2**	0.9993	0.9993	0.9994	0.9994	0.9994	0.9994	0.9994	0.9995	0.9995	0.9995
35	**3.3**	0.9995	0.9995	0.9995	0.9996	0.9996	0.9996	0.9996	0.9996	0.9996	0.9997
36	**3.4**	0.9997	0.9997	0.9997	0.9997	0.9997	0.9997	0.9997	0.9997	0.9997	0.9998
37	**3.5**	0.9998	0.9998	0.9998	0.9998	0.9998	0.9998	0.9998	0.9998	0.9998	0.9998
38	**3.6**	0.9998	0.9998	0.9999	0.9999	0.9999	0.9999	0.9999	0.9999	0.9999	0.9999
39	**3.7**	0.9999	0.9999	0.9999	0.9999	0.9999	0.9999	0.9999	0.9999	0.9999	0.9999
40	**3.8**	0.9999	0.9999	0.9999	0.9999	0.9999	0.9999	0.9999	0.9999	0.9999	0.9999
41	**3.9**	1.0000	1.0000	1.0000	1.0000	1.0000	1.0000	1.0000	1.0000	1.0000	1.0000
42	**4.0**	1.0000	**1.0000**	1.0000	1.0000	1.0000	1.0000	1.0000	1.0000	1.0000	1.0000

=NORMSDIST($A42+C$1)

表 8.2 标准正态分布左侧分位数表

	A	B	C	D	E	F	G	H	I	J	K
1	**p**	**0.000**	**0.001**	**0.002**	**0.003**	**0.004**	**0.005**	**0.006**	**0.007**	**0.008**	**0.009**
2	**0.50**	0.0000	0.0025	0.0050	0.0075	0.0100	0.0125	0.0150	0.0175	0.0201	0.0226
3	**0.51**	0.0251	0.0276	0.0301	0.0326	0.0351	0.0376	0.0401	0.0426	0.0451	0.0476
4	**0.52**	0.0502	0.0527	0.0552	0.0577	0.0602	0.0627	0.0652	0.0677	0.0702	0.0728
5	**0.53**	0.0753	0.0778	0.0803	0.0828	0.0853	0.0878	0.0904	0.0929	0.0954	0.0979
6	**0.54**	0.1004	0.1030	0.1055	0.1080	0.1105	0.1130	0.1156	0.1181	0.1206	0.1231
7	**0.55**	0.1257	0.1282	0.1307	0.1332	0.1358	0.1383	0.1408	0.1434	0.1459	0.1484
8	**0.56**	0.1510	0.1535	0.1560	0.1586	0.1611	0.1637	0.1662	0.1687	0.1713	0.1738
9	**0.57**	0.1764	0.1789	0.1815	0.1840	0.1866	0.1891	0.1917	0.1942	0.1968	0.1993
10	**0.58**	0.2019	0.2045	0.2070	0.2096	0.2121	0.2147	0.2173	0.2198	0.2224	0.2250
11	**0.59**	0.2275	0.2301	0.2327	0.2353	0.2378	0.2404	0.2430	0.2456	0.2482	0.2508
12	**0.60**	0.2533	0.2559	0.2585	0.2611	0.2637	0.2663	0.2689	0.2715	0.2741	0.2767
13	**0.61**	0.2793	0.2819	0.2845	0.2871	0.2898	0.2924	0.2950	0.2976	0.3002	0.3029
14	**0.62**	0.3055	0.3081	0.3107	0.3134	0.3160	0.3186	0.3213	0.3239	0.3266	0.3292
15	**0.63**	0.3319	0.3345	0.3372	0.3398	0.3425	0.3451	0.3478	0.3505	0.3531	0.3558
16	**0.64**	0.3585	0.3611	0.3638	0.3665	0.3692	0.3719	0.3745	0.3772	0.3799	0.3826
17	**0.65**	0.3853	0.3880	0.3907	0.3934	0.3961	0.3989	0.4016	0.4043	0.4070	0.4097
18	**0.66**	0.4125	0.4152	0.4179	0.4207	0.4234	0.4261	0.4289	0.4316	0.4344	0.4372
19	**0.67**	0.4399	0.4427	0.4454	0.4482	0.4510	0.4538	0.4565	0.4593	0.4621	0.4649
20	**0.68**	0.4677	0.4705	0.4733	0.4761	0.4789	0.4817	0.4845	0.4874	0.4902	0.4930
21	**0.69**	0.4959	0.4987	0.5015	0.5044	0.5072	0.5101	0.5129	0.5158	0.5187	0.5215
22	**0.70**	0.5244	0.5273	0.5302	0.5330	0.5359	0.5388	0.5417	0.5446	0.5476	0.5505
23	**0.71**	0.5534	0.5563	0.5592	0.5622	0.5651	0.5681	0.5710	0.5740	0.5769	0.5799
24	**0.72**	0.5828	0.5858	0.5888	0.5918	0.5948	0.5978	0.6008	0.6038	0.6068	0.6098
25	**0.73**	0.6128	0.6158	0.6189	0.6219	0.6250	0.6280	0.6311	0.6341	0.6372	0.6403
26	**0.74**	0.6433	0.6464	0.6495	0.6526	0.6557	0.6588	0.6620	0.6651	0.6682	0.6713
27	**0.75**	0.6745	0.6776	0.6808	0.6840	0.6871	0.6903	0.6935	0.6967	0.6999	0.7031
28	**0.76**	0.7063	0.7095	0.7128	0.7160	0.7192	0.7225	0.7257	0.7290	0.7323	0.7356
29	**0.77**	0.7388	0.7421	0.7454	0.7488	0.7521	0.7554	0.7588	0.7621	0.7655	0.7688
30	**0.78**	0.7722	0.7756	0.7790	0.7824	0.7858	0.7892	0.7926	0.7961	0.7995	0.8030
31	**0.79**	0.8064	0.8099	0.8134	0.8169	0.8204	0.8239	0.8274	0.8310	0.8345	0.8381
32	**0.80**	0.8416	0.8452	0.8488	0.8524	0.8560	0.8596	0.8633	0.8669	0.8705	0.8742
33	**0.81**	0.8779	0.8816	0.8853	0.8890	0.8927	0.8965	0.9002	0.9040	0.9078	0.9116
34	**0.82**	0.9154	0.9192	0.9230	0.9269	0.9307	0.9346	0.9385	0.9424	0.9463	0.9502
35	**0.83**	0.9542	0.9581	0.9621	0.9661	0.9701	0.9741	0.9782	0.9822	0.9863	0.9904
36	**0.84**	0.9945	0.9986	1.0027	1.0069	1.0110	1.0152	1.0194	1.0237	1.0279	1.0322
37	**0.85**	1.0364	1.0407	1.0450	1.0494	1.0537	1.0581	1.0625	1.0669	1.0714	1.0758
38	**0.86**	1.0803	1.0848	1.0893	1.0939	1.0985	1.1031	1.1077	1.1123	1.1170	1.1217
39	**0.87**	1.1264	1.1311	1.1359	1.1407	1.1455	1.1503	1.1552	1.1601	1.1650	1.1700
40	**0.88**	1.1750	1.1800	1.1850	1.1901	1.1952	1.2004	1.2055	1.2107	1.2160	1.2212
41	**0.89**	1.2265	1.2319	1.2372	1.2426	1.2481	1.2536	1.2591	1.2646	1.2702	1.2759
42	**0.90**	1.2816	1.2873	1.2930	1.2988	1.3047	1.3106	1.3165	1.3225	1.3285	1.3346
43	**0.91**	1.3408	1.3469	1.3532	1.3595	1.3658	1.3722	1.3787	1.3852	1.3917	1.3984
44	**0.92**	1.4051	1.4118	1.4187	1.4255	1.4325	1.4395	1.4466	1.4538	1.4611	1.4684
45	**0.93**	1.4758	1.4833	1.4909	1.4985	1.5063	1.5141	1.5220	1.5301	1.5382	1.5464
46	**0.94**	1.5548	1.5632	1.5718	1.5805	1.5893	1.5982	1.6072	1.6164	1.6258	1.6352
47	**0.95**	1.6449	1.6546	1.6646	1.6747	1.6849	1.6954	1.7060	1.7169	1.7279	1.7392
48	**0.96**	1.7507	1.7624	1.7744	1.7866	1.7991	1.8119	1.8250	1.8384	1.8522	1.8663
49	**0.97**	1.8808	1.8957	1.9110	1.9268	1.9431	1.9600	1.9774	1.9954	2.0141	2.0335
50	**0.98**	2.0537	2.0749	2.0969	2.1201	2.1444	2.1701	2.1973	2.2262	2.2571	2.2904
51	**0.99**	2.3263	**2.3656**	2.4089	2.4573	2.5121	2.5758	**2.6521**	2.7478	2.8782	3.0902

=NORMSINV($A51+C$1)　　**=NORMSINV($A51+H$1)**

表8.3 t 分布双侧及右侧分位数表

	A	B	C	D	E	F	G	H	I
1		**双侧分位数**				**右侧分位数**			
2	**df\\p**	**0.100**	**0.050**	**0.025**	**0.100**	**0.050**	**0.025**	**0.010**	**0.005**
3	**1**	6.3138	12.7062	25.4517	3.0777	6.3138	12.7062	31.8205	63.6567
4	**2**	2.9200	4.3027	6.2053	1.8856	2.9200	4.3027	6.9646	9.9248
5	**3**	2.3534	3.1824	4.1765	1.6377	2.3534	3.1824	4.5407	5.8409
6	**4**	2.1318	2.7764	3.4954	1.5332	2.1318	2.7764	3.7469	4.6041
7	**5**	2.0150	2.5706	3.1634	1.4759	2.0150	2.5706	3.3649	4.0321
8	**6**	1.9432	2.4469	2.9687	1.4398	1.9432	2.4469	3.1427	3.7074
9	**7**	1.8946	2.3646	2.8412	1.4149	1.8946	2.3646	2.9980	3.4995
10	**8**	1.8595	2.3060	2.7515	1.3968	1.8595	2.3060	2.8965	3.3554
11	**9**	1.8331	2.2622	2.6850	1.3830	1.8331	2.2622	2.8214	3.2498
12	**10**	1.8125	2.2281	2.6338	1.3722	1.8125	2.2281	2.7638	3.1693
13	**11**	1.7959	2.2010	2.5931	1.3634	1.7959	2.2010	2.7181	3.1058
14	**12**	1.7823	2.1788	2.5600	1.3562	1.7823	2.1788	2.6810	3.0545
15	**13**	1.7709	2.1604	2.5326	1.3502	1.7709	2.1604	2.6503	3.0123
16	**14**	1.7613	2.1448	2.5096	1.3450	1.7613	2.1448	2.6245	2.9768
17	**15**	1.7531	2.1314	2.4899	1.3406	1.7531	2.1314	2.6025	2.9467
18	**16**	1.7459	2.1199	2.4729	1.3368	1.7459	2.1199	2.5835	2.9208
19	**17**	1.7396	2.1098	2.4581	1.3334	1.7396	2.1098	2.5669	2.8982
20	**18**	1.7341	2.1009	2.4450	1.3304	1.7341	2.1009	2.5524	2.8784
21	**19**	1.7291	2.0930	2.4334	1.3277	1.7291	2.0930	2.5395	2.8609
22	**20**	1.7247	2.0860	2.4231	1.3253	1.7247	2.0860	2.5280	2.8453
23	**21**	1.7207	2.0796	2.4138	1.3232	1.7207	2.0796	2.5176	2.8314
24	**22**	1.7171	2.0739	2.4055	1.3212	1.7171	2.0739	2.5083	2.8188
25	**23**	1.7139	2.0687	2.3979	1.3195	1.7139	2.0687	2.4999	2.8073
26	**24**	1.7109	2.0639	2.3909	1.3178	1.7109	2.0639	2.4922	2.7969
27	**25**	1.7081	2.0595	2.3846	1.3163	1.7081	2.0595	2.4851	2.7874
28	**26**	1.7056	2.0555	2.3788	1.3150	1.7056	2.0555	2.4786	2.7787
29	**27**	1.7033	2.0518	2.3734	1.3137	1.7033	2.0518	2.4727	2.7707
30	**28**	1.7011	2.0484	2.3685	1.3125	1.7011	2.0484	2.4671	2.7633
31	**29**	1.6991	2.0452	2.3638	1.3114	1.6991	2.0452	2.4620	2.7564
32	**30**	**1.6973**	2.0423	2.3596	**1.3104**	1.6973	2.0423	2.4573	2.7500

=TINV(B$2, $A32)　　　**=TINV(2*E$2, $A32)**

表 8.4 χ^2 分布右侧分位数表

	A	B	C	D	E	F	G	H	I	J	K
1	**df\p**	**0.995**	**0.990**	**0.975**	**0.950**	**0.900**	**0.100**	**0.050**	**0.025**	**0.010**	**0.005**
2	**1**	0.000	0.000	0.001	0.004	0.016	2.706	3.841	5.024	6.635	7.879
3	**2**	0.010	0.020	0.051	0.103	0.211	4.605	5.991	7.378	9.210	10.597
4	**3**	0.072	0.115	0.216	0.352	0.584	6.251	7.815	9.348	11.345	12.838
5	**4**	0.207	0.297	0.484	0.711	1.064	7.779	9.488	11.143	13.277	14.860
6	**5**	0.412	0.554	0.831	1.145	1.610	9.236	11.070	12.833	15.086	16.750
7	**6**	0.676	0.872	1.237	1.635	2.204	10.645	12.592	14.449	16.812	18.548
8	**7**	0.989	1.239	1.690	2.167	2.833	12.017	14.067	16.013	18.475	20.278
9	**8**	1.344	1.646	2.180	2.733	3.490	13.362	15.507	17.535	20.090	21.955
10	**9**	1.735	2.088	2.700	3.325	4.168	14.684	16.919	19.023	21.666	23.589
11	**10**	2.156	2.558	3.247	3.940	4.865	15.987	18.307	20.483	23.209	25.188
12	**11**	2.603	3.053	3.816	4.575	5.578	17.275	19.675	21.920	24.725	26.757
13	**12**	3.074	3.571	4.404	5.226	6.304	18.549	21.026	23.337	26.217	28.300
14	**13**	3.565	4.107	5.009	5.892	7.042	19.812	22.362	24.736	27.688	29.819
15	**14**	4.075	4.660	5.629	6.571	7.790	21.064	23.685	26.119	29.141	31.319
16	**15**	4.601	5.229	6.262	7.261	8.547	22.307	24.996	27.488	30.578	32.801
17	**16**	5.142	5.812	6.908	7.962	9.312	23.542	26.296	28.845	32.000	34.267
18	**17**	5.697	6.408	7.564	8.672	10.085	24.769	27.587	30.191	33.409	35.718
19	**18**	6.265	7.015	8.231	9.390	10.865	25.989	28.869	31.526	34.805	37.156
20	**19**	6.844	7.633	8.907	10.117	11.651	27.204	30.144	32.852	36.191	38.582
21	**20**	7.434	8.260	9.591	10.851	12.443	28.412	31.410	34.170	37.566	39.997
22	**21**	8.034	8.897	10.283	11.591	13.240	29.615	32.671	35.479	38.932	41.401
23	**22**	8.643	9.542	10.982	12.338	14.041	30.813	33.924	36.781	40.289	42.796
24	**23**	9.260	10.196	11.689	13.091	14.848	32.007	35.172	38.076	41.638	44.181
25	**24**	9.886	10.856	12.401	13.848	15.659	33.196	36.415	39.364	42.980	45.559
26	**25**	10.520	11.524	13.120	14.611	16.473	34.382	37.652	40.646	44.314	46.928
27	**26**	11.160	12.198	13.844	15.379	17.292	35.563	38.885	41.923	45.642	48.290
28	**27**	11.808	12.879	14.573	16.151	18.114	36.741	40.113	43.195	46.963	49.645
29	**28**	12.461	13.565	15.308	16.928	18.939	37.916	41.337	44.461	48.278	50.993
30	**29**	13.121	14.256	16.047	17.708	19.768	39.087	42.557	45.722	49.588	52.336
31	**30**	13.787	14.953	16.791	18.493	20.599	40.256	43.773	46.979	50.892	53.672
32	**31**	14.458	15.655	17.539	19.281	21.434	41.422	44.985	48.232	52.191	55.003
33	**32**	15.134	16.362	18.291	20.072	22.271	42.585	46.194	49.480	53.486	56.328
34	**33**	15.815	17.074	19.047	20.867	23.110	43.745	47.400	50.725	54.776	57.648
35	**34**	16.501	17.789	19.806	21.664	23.952	44.903	48.602	51.966	56.061	58.964
36	**35**	17.192	18.509	20.569	22.465	24.797	46.059	49.802	53.203	57.342	60.275
37	**36**	17.887	19.233	21.336	23.269	25.643	47.212	50.998	54.437	58.619	61.581
38	**37**	18.586	19.960	22.106	24.075	26.492	48.363	52.192	55.668	59.893	62.883
39	**38**	19.289	20.691	22.878	24.884	27.343	49.513	53.384	56.896	61.162	64.181
40	**39**	19.996	21.426	23.654	25.695	28.196	50.660	54.572	58.120	62.428	65.476
41	**40**	20.707	22.164	24.433	26.509	29.051	51.805	55.758	59.342	63.691	66.766

=CHIINV(C$1, $A41)　　**=CHIINV(F$1, $A41)**

表 8.5 *F* 分布右侧分位数表

	A	B	C	D	E	F	G	H	I	J	K
1	*p*=	**0.05**									
2	**df1\df2**	**1**	**2**	**3**	**4**	**5**	**6**	**7**	**8**	**9**	**10**
3	**1**	161.448	18.513	10.128	7.709	6.608	5.987	5.591	5.318	5.117	4.965
4	**2**	199.500	19.000	9.552	6.944	5.786	5.143	4.737	4.459	4.256	4.103
5	**3**	215.707	19.164	9.277	6.591	5.409	4.757	4.347	4.066	3.863	3.708
6	**4**	224.583	19.247	9.117	6.388	5.192	4.534	4.120	3.838	3.633	3.478
7	**5**	230.162	19.296	9.013	6.256	5.050	4.387	3.972	3.687	3.482	3.326
8	**6**	233.986	19.330	8.941	6.163	4.950	4.284	3.866	3.581	3.374	3.217
9	**7**	236.768	19.353	8.887	6.094	4.876	4.207	3.787	3.500	3.293	3.135
10	**8**	238.883	19.371	8.845	6.041	4.818	4.147	3.726	3.438	3.230	3.072
11	**9**	240.543	19.385	8.812	5.999	4.772	4.099	3.677	3.388	3.179	3.020
12	**10**	241.882	19.396	8.786	5.964	4.735	4.060	3.637	3.347	3.137	2.978
13	**11**	242.983	19.405	8.763	5.936	4.704	4.027	3.603	3.313	3.102	2.943
14	**12**	243.906	19.413	8.745	5.912	4.678	4.000	3.575	3.284	3.073	2.913
15	**13**	244.690	19.419	8.729	5.891	4.655	3.976	3.550	3.259	3.048	2.887
16	**14**	245.364	19.424	8.715	5.873	4.636	3.956	3.529	3.237	3.025	2.865
17	**15**	245.950	19.429	8.703	5.858	4.619	3.938	3.511	3.218	3.006	2.845
18	**16**	246.464	19.433	8.692	5.844	4.604	3.922	3.494	3.202	2.989	2.828
19	**17**	246.918	19.437	8.683	5.832	4.590	3.908	3.480	3.187	2.974	2.812
20	**18**	247.323	19.440	8.675	5.821	4.579	3.896	3.467	3.173	2.960	2.798
21	**19**	247.686	19.443	8.667	5.811	4.568	3.884	3.455	3.161	2.948	2.785
22	**20**	248.013	19.446	8.660	5.803	4.558	3.874	3.445	3.150	2.936	2.774
23	**21**	248.309	19.448	8.654	5.795	4.549	3.865	3.435	3.140	2.926	2.764
24	**22**	248.579	19.450	8.648	5.787	4.541	3.856	3.426	3.131	2.917	2.754
25	**23**	248.826	19.452	8.643	5.781	4.534	3.849	3.418	3.123	2.908	2.745
26	**24**	249.052	19.454	8.639	5.774	4.527	3.841	3.410	3.115	2.900	2.737
27	**25**	249.260	19.456	8.634	5.769	4.521	3.835	3.404	3.108	2.893	2.730
28	**26**	249.453	19.457	8.630	5.763	4.515	3.829	3.397	3.102	2.886	2.723
29	**27**	249.631	19.459	8.626	5.759	4.510	3.823	3.391	3.095	2.880	2.716
30	**28**	249.797	19.460	8.623	5.754	4.505	3.818	3.386	3.090	2.874	2.710
31	**29**	249.951	19.461	8.620	5.750	4.500	3.813	3.381	3.084	2.869	2.705
32	**30**	250.095	19.462	8.617	5.746	4.496	3.808	3.376	3.079	2.864	2.700
33	**31**	250.230	19.463	8.614	5.742	4.492	3.804	3.371	3.075	2.859	2.695
34	**32**	250.357	19.464	8.611	5.739	4.488	3.800	3.367	3.070	2.854	2.690
35	**33**	250.476	19.465	8.609	5.735	4.484	3.796	3.363	3.066	2.850	2.686
36	**34**	250.588	19.466	8.606	5.732	4.481	3.792	3.359	3.062	2.846	2.681
37	**35**	250.693	19.467	8.604	5.729	4.478	3.789	3.356	3.059	2.842	2.678
38	**36**	250.793	19.468	8.602	5.727	4.474	3.786	3.352	3.055	2.839	2.674
39	**37**	250.888	19.469	8.600	5.724	4.472	3.783	3.349	3.052	2.835	2.670
40	**38**	250.977	19.469	8.598	5.722	4.469	3.780	3.346	3.049	2.832	2.667
41	**39**	251.062	19.470	8.596	5.719	4.466	3.777	3.343	3.046	2.829	2.664
42	**40**	251.143	**19.471**	8.594	5.717	4.464	**3.774**	3.340	3.043	2.826	2.661

=FINV($B$1,$A42,C$2)　　**=FINV($B$1,$A42,G$2)**

实验九　正态总体假设检验

9.1　实验原理

在科学研究、工农业生产和日常生活中有许多重要问题需要我们对其作出是或者不是的回答,如:生命能从没有生命的物质中自动产生吗?月球是否比地球存在更早?一种新药有疗效吗?为了回答这些问题,我们进行一些试验,这些试验的结果和我们感兴趣的问题具有某种关系,根据试验结果对问题作出是或者不是的回答过程称为**假设检验**.

假设检验是一种方法,目的是为了决定一个关于总体特征的定量的断言(比如一个假设)是否真实.我们通过从总体中抽出的随机子样来计算适当的统计量,进而来检验一个假设.如果我们得到的统计量的现实值在假设为真时是罕见的(小概率事件),我们将有理由拒绝这个假设.

在假设检验中,一般要设立原假设,而设立原假设的动机主要是利用人们掌握的反映现实世界的数据来找出假设与现实之间的矛盾,从而否定这个假设,并称该假设检验显著.如果否定不了,那就说明证据不足,无法否定原假设,有的教科书也把它叫做接受原假设.但这并不能说明原假设一定正确.

假设检验的基本原理:小概率事件原理.

假设检验的推理方法:统计意义下的"反证法".

假设检验的步骤:

(1) 提出原假设 H_0;

(2) 选择适当的检验统计量;

(3) 选择显著性水平 α,确定拒绝域;

(4) 作出判断,根据子样观测值计算得出的统计量的观测值,看其是否落在拒绝域内,从而作出是否拒绝 H_0 的结论.

9.2　实验目的及要求

实验目的　通过此实验熟练掌握假设检验的思想方法和基本步骤.

具体要求　能够运用 Excel 对正态总体的参数进行检验;学会针对实际问题提出原假设和备择假设,并根据检验结果作出判断.

9.3　实验过程

一、单正态总体参数检验

1. 已知方差的 U-检验

例 9.1　有一批枪弹,出厂时,其初速度 $v \sim N(950,100)$(单位:m/s).经过较长时间储存后,任取 9 发进行测试,得子样值如下:

$$914,\ 920,\ 910,\ 934,\ 953,\ 945,\ 912,\ 924,\ 940.$$

根据经验,枪弹经储存后其初速度仍服从正态分布,且标准差不变.问是否可认为这批枪弹的初速度有显著降低?

解　显然,这是一个单侧均值检验问题,待检验假设为

$$H_0: \mu \geqslant 950 \leftrightarrow H_1: \mu < 950.$$

利用 Excel 的解题过程如下(见图 9.1)：

(1) 在工作表 A 列中输入数据；

(2) 计算平均值(在单元格 D3 中键入"＝AVERAGE(A2:A10)")；

(3) 计算统计量 $U=\dfrac{\overline{X}-\mu_0}{\sigma_0}\sqrt{n}$(在单元格 D7 中键入"＝((D3－D4)/D6) * SQRT(D5))"；

(4) 利用函数 NORMSINV 和 NORMSDIST 分别计算临界值和 p 值(在 D8 中键入"＝NORMSINV(D2)",在 D9 中键入"＝NORMSDIST(D7)")；

(5) 作出判断,在显著水平 α 下,检验的拒绝域为 $\{U \leqslant u_\alpha\}$. 从图 9.1 中可知,U 的值落在拒绝域中,p 值很小,故拒绝原假设,可以认为这批枪弹的初速度有显著降低.

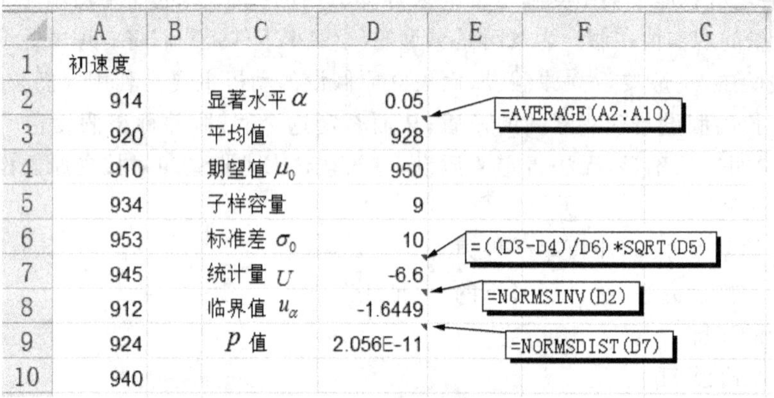

	A	B	C	D	E	F	G
1	初速度						
2	914		显著水平 α	0.05			
3	920		平均值	928			
4	910		期望值 μ_0	950			
5	934		子样容量	9			
6	953		标准差 σ_0	10			
7	945		统计量 U	-6.6			
8	912		临界值 u_α	-1.6449			
9	924		p 值	2.056E-11			
10	940						

=AVERAGE(A2:A10)

=((D3-D4)/D6)*SQRT(D5)

=NORMSINV(D2)

=NORMSDIST(D7)

图 9.1 单个正态总体均值检验(方差已知)

2. 未知方差的 t-检验

例 9.2 有一批枪弹,出厂时,其初速度 $v \sim N(950,100)$(单位:m/s). 经过较长时间储存,取 9 发进行测试,得子样值如下：

$$914,\ 920,\ 910,\ 934,\ 953,\ 945,\ 912,\ 924,\ 940.$$

根据经验,枪弹经储存后其初速度仍服从正态分布,但其方差可能已经发生变化. 问是否可认为这批枪弹的初速度有显著降低?

解 显然,这是一个方差未知的单侧检验问题,待检验假设为

$$H_0: \mu \geqslant 950 \leftrightarrow H_1: \mu < 950.$$

利用 Excel 的解题过程如下(见图 9.2)：

(1) 在工作表 A 列中输入数据；

(2) 计算平均值(在单元格 D3 中键入"＝AVERAGE(A2:A10)")和子样标准差(在 D6 中键入"＝STDEV(A2:A10)")；

(3) 计算统计量 $t=\dfrac{\overline{X}-\mu_0}{s}\sqrt{n}$(在单元格 D7 中键入"＝((D3－D4)/D6) * SQRT(D5))"；

(4) 利用函数 TINV 和 TDIST 计算临界值和 p 值(在 D8 中键入"＝－TINV(2 * D2, D5－1)",在 D9 中键入"＝TDIST(－D7,D5－1,1)")；

(5) 作出判断,在显著水平 α 下,检验的拒绝域为 $\{t \leqslant t_\alpha\}$. 从图 9.2 中可知,t 的值落在拒绝域中,p 值很小,故拒绝原假设,可以认为这批枪弹的初速度有显著降低.

	A	B	C	D	E	F
1	初速度					
2	914		显著水平 α	0.05	=AVERAGE(A2:A10)	
3	920		平均值	928		
4	910		期望值 μ_0	950	=STDEV(A2:A10)	
5	934		子样容量	9		
6	953		子样标准差 s	15.61249	=(D3-D4)/(D6)*SQRT(D5)	
7	945		统计量 t	-4.22738		
8	912		临界值 t_α	-1.85955	=-TINV(2*D2,D5-1)	
9	924		p 值	1.443E-03	=TDIST(-D7,D5-1,1)	
10	940					

图 9.2　单个正态总体均值检验(方差未知)

3. χ^2-检验

例 9.3　已知维尼纶纤度在正常条件下服从正态分布，且标准差为 0.048. 从某天生产的产品中抽取 7 根纤维，测得其纤度为

$$1.32,1.41,1.55,1.48,1.36,1.40,1.44.$$

问这一天纤度的总体标准差是否正常(取 $\alpha=0.05$)?

解　显然，这是一个检验方差的问题，待检验假设为

$$H_0:\sigma^2=0.048^2\longleftrightarrow H_1:\sigma^2\neq 0.048^2.$$

利用 Excel 的解题过程如下(见图 9.3)：

(1) 在工作表 A 列中输入数据；

(2) 计算平均值(在单元格 D4 中键入"=AVERAGE(A3:A9)")和子样标准差(在 D7 中键入"=STDEV(A3:A9)")；

(3) 计算统计量 $\chi^2=\dfrac{(n-1)S^2}{\sigma_0^2}$(在单元格 D8 中键入"=(D6−1) * D7^2/D5")；

(4) 利用函数 CHIINV 计算临界值(在 D9 中键入"=CHIINV(0.025,D6−1)"，在 D10 中键入"=CHIIST(0.975,D6−1)")；

(5) 作出判断，在显著水平 α 下，检验的拒绝域为$\{\chi^2\leqslant\chi^2_{1-\alpha/2}\}\cup\{\chi^2\geqslant\chi^2_{\alpha/2}\}$. 从图 9.3 中可知，$\chi^2$ 的值落在拒绝域中，故拒绝原假设，可以认为这一天纤度的总体标准差正常.

	A	B	C	D
1	单个正态总体方差检验			
2	纤度			
3	1.32		显著水平 α	0.05
4	1.41		平均值	1.422857
5	1.55		方差 σ_0^2	0.002304
6	1.48		子样容量	7
7	1.36		子样标准差 s	0.076314
8	1.4		统计量 χ^2	15.166171
9	1.44		临界值 $\chi^2_{\alpha/2}$	14.449375
10			临界值 $\chi^2_{1-\alpha/2}$	1.237344

图 9.3　单个正态总体方差检验

二、双正态总体参数检验

1. 方差未知但相等时的双正态总体均值差的 t-检验

例 9.4 某厂铸造车间为提高铸件的耐磨性而试制了一种镍合金铸件以取代铜合金铸件，为此，从两种铸件中各抽取一个容量分别为 8 和 9 的子样，测得其硬度(一种耐磨性指标)为

镍合金：76.43，76.21，73.58，69.69，65.29，70.83，82.75，72.34；

铜合金：73.66，64.27，69.34，71.37，69.77，68.12，67.27，68.07，62.61.

根据专业经验，硬度服从正态分布，且方差保持不变. 试在显著水平 $\alpha=0.05$ 下判断镍合金的硬度是否有明显提高.

解 显然，这是一个检验双总体均值是否相等的问题(方差未知，但相等)，待检验假设为

$$H_0:\mu_1\leqslant\mu_2\leftrightarrow H_1:\mu_1>\mu_2.$$

我们采用 t-检验. 利用 Excel 的解题过程如下：

(1) 原假设 $H_0:\mu_1-\mu_2\leqslant 0$.

(2) 在工作表 A,B 列中分别输入数据.

(3) 依次单击主菜单【数据】/【数据分析】/【t-检验：双样本等方差假设】，在弹出的对话框中如图 9.4 输入相应选项，单击【确定】按钮后，输出结果如图 9.5 所示.

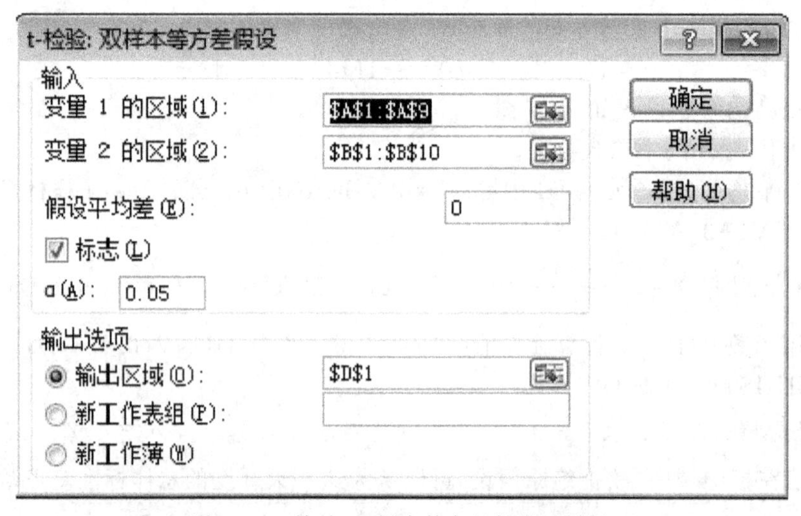

图 9.4 t-检验：双样本等方差假设对话框

(4) 作出判断，在显著水平 α 下，检验的拒绝域为 $\{t\geqslant t_\alpha\}$. 从图 9.5 中可知，t 的值落在拒绝域中($t=2.4234$，$t_{0.05}(15)=1.7531$)，故拒绝原假设，可判断镍合金硬度有所提高.

2. 双正态总体方差比的 F-检验

例 9.5 甲、乙两台机床加工某种零件，零件的直径服从正态分布，总体方差反映了加工精度，为比较两台机床的加工精度有无差别，现从各自加工的零件中分别抽取 7 件产品和 8 件产品，测得其直径(单位：mm)为

X(甲机床)：16.2，16.4，15.8，15.5，16.7，15.6，15.8；

Y(乙机床)：15.9，16.0，16.4，16.1，16.5，15.8，15.7，15.0.

试在显著水平 $\alpha=0.05$ 下判断甲、乙两台机床的加工精度有无差别？

解 显然，这是一个检验双总体方差是否相等的问题，待检验假设为

	A	B	C	D	E	F
1	镍合金	铜合金		t-检验：双样本等方差假设		
2	76.43	73.66				
3	76.21	64.27			镍合金	铜合金
4	73.58	69.34		平均	73.39	68.2756
5	69.69	71.37		方差	27.3994	11.3944
6	65.29	69.77		观测值	8	9
7	70.83	68.12		合并方差	18.86337	
8	82.75	67.27		假设平均差	0	
9	72.34	68.07		df	15	
10		62.61		t Stat	2.42343	
11				P(T<=t) 单尾	0.01424	
12				t 单尾临界	1.75305	
13				P(T<=t) 双尾	0.02849	
14				t 双尾临界	2.13145	

图 9.5　t-检验：双样本等方差假设

$$H_0:\sigma_1=\sigma_2 \longleftrightarrow H_1:\sigma_1\neq\sigma_2.$$

我们采用 F-检验. 利用 Excel 的解题过程如下：

(1) 原假设 $H_0:\sigma_1^2=\sigma_2^2$.

(2) 在工作表 A,B 列中分别输入数据.

(3) 依次单击主菜单【数据】/【数据分析】/【F-检验:双样本方差】,在弹出的对话框中如图 9.6 输入相应选项,单击【确定】按钮后,输出结果如图 9.7 所示.

(4) 确定临界值,在 E11 中键入公式"=FINV(0.025,6,7)",得上临界值 5.1186, 在 E12 中键入公式"=FIVN(0.975,6,7)",得下临界值 0.1756.

(5) 作出判断,在显著水平 α 下,检验的拒绝域为$\{F\geqslant F_{\alpha/2}\}\cup\{F\leqslant F_{1-\alpha/2}\}$. 从图 9.7 中可知,$F$ 的值落在(0.1756,5.1186)中,故不拒绝原假设,可认为甲、乙两台机床的加工精度无显著差别.

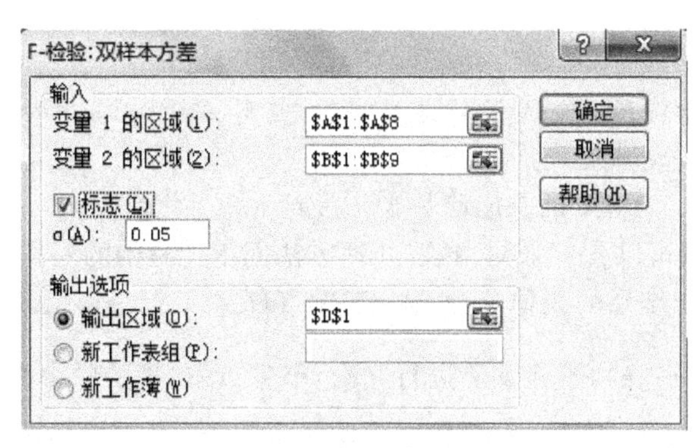

图 9.6　F-检验:双样本方差对话框

	A	B	C	D	E	F
1	机床甲	机床乙		F-检验 双样本方差分析		
2	16.2	15.9				
3	16.4	16.0			机床甲	机床乙
4	15.8	16.4		平均	16	15.925
5	15.5	16.1		方差	0.1967	0.2164
6	16.7	16.5		观测值	7	8
7	15.6	15.8		df	6	7
8	15.8	15.7		F	0.9087	
9		15.0		P(F<=f) 单尾	0.4616	
10				F 单尾临界	0.2377	
11				上临界	5.1186	
12				下临界	0.1756	

图 9.7　F-检验:双样本方差分析

9.4　讨论

本实验还可以进一步的推广.从以上实验可以看出,假设检验的关键是提出原假设、备择假设以及检验统计量.用类似的方法,我们还可进行其他假设检验,如非参数检验、比例检验和成对样本均值检验等.

实验十　皮尔逊拟合检验和列联表独立性检验

10.1　实验原理

设总体 X 的分布函数 $F(x)$未知,$(X_1,X_2,\cdots,X_n)$是来自总体 X 的一个样本,提出检验假设为

$$\mathrm{H}_0:F(x)=F_0(x)\longleftrightarrow \mathrm{H}_1:F(x)\neq F_0(x).$$

此时 $F_0(x)$已知,可以含有未知参数.若 $F_0(x)$中含有未知参数,一般先利用最大似然估计给出参数的一个点估计值.

若总体是离散型的,则检验假设为

$$\mathrm{H}_0:\text{总体分布律 } P(X=x_i)=p_i\quad (p_i,i=1,2,\cdots \text{ 为已知});$$

若总体是连续型的,则检验假设为

$$\mathrm{H}_0:X \text{ 的密度函数为 } f(x)\quad (f(x) \text{ 为已知}).$$

当然在 p_i 及 $f(x)$中均可以含有未知参数,处理方法同 $F_0(x)$中的一样.

将随机试验的可能结果的全体分为 k 个互斥事件 $A_1,A_2,\cdots,A_k$,在 H_0 成立的条件下计算 $P(A_i)=p_i(i=1,2,\cdots,k)$,若将试验进行 n 次,事件 A_i 出现的频率为 $\frac{n_i}{n}$($\sum\limits_{i=1}^{k}n_i=n$,$n_i$ 为落入第 i 个小区间 A_i 的样本值的个数).由大数定律可知,若试验次数很多,在 H_0 成立的前提下,$\left|\frac{n_i}{n}-p_i\right|$ 的值应该比较小,故选用统计量

$$\chi^2=\sum_{i=1}^{k}\frac{(n_i-np_i)^2}{np_i}.$$

若已知统计量 χ^2 的分布，就可以用其样本值来判别是否拒绝 H_0，皮尔逊(Pearson)以定理的形式给出了 χ^2 的分布.

定理 10.1　若试验次数 n 充分大(一般 $n \geqslant 50$)，则当 H_0 成立时，无论总体 X 服从何种分布，统计量 $\chi^2 = \sum_{i=1}^{k} \frac{(n_i - np_i)^2}{np_i}$ 近似地服从自由度为 $k-r-1$ 的 χ^2 分布，其中 r 是分布中未知参数的个数.

统计量 χ^2 的分布已经知道，那么在 H_0 成立的条件下，对于给定的显著水平 α，查表或由 CHIINV 函数得到 $\chi_\alpha^2(k-r-1)$ 的值，再利用样本值计算出 χ^2 的值，如果 $\chi^2 > \chi_\alpha^2(k-r-1)$，则拒绝 H_0，否则不能拒绝 H_0.

注意　统计软件中常常使用检验统计量的 p 值来判断是否拒绝原假设.

统计量检验是根据事先给定的显著水平 α 确定的拒绝域来作出决策，不论检验统计量的值是大还是小，只要它落入拒绝域就拒绝原假设 H_0，否则就不能拒绝原假设 H_0. 这样，无论统计量落在拒绝域的什么位置，你也只能说犯第一类错误的概率是 α. 但实际上，α 是犯第一类错误的概率的上限值，统计量落在拒绝域的不同位置，决策时犯第一类错误的概率是不一样的. 如果能把犯第一类错误的概率计算出来，就可以直接用这个概率进行决策，而不需要管事先给定的显著水平 α. 这个犯第一类错误的真实概率就是 p 值，例如，在卡方右侧单边检验(设自由度为 n)时，若根据样本观测值计算得到的统计量的值为 T_0，则此统计量对应的 p 值就为 $p = P(\chi^2(n) > T_0)$，这个 p 值的大小，从图形上来看等于 T_0 右侧尾部的面积. 目前的统计软件都会给出检验统计量的 p 值.

用 p 值进行决策的规则很简单：如果 $p < \alpha$，拒绝 H_0；如果 $p \geqslant \alpha$，不拒绝 H_0(双侧检验把两侧面积的总和定义为 p). p 值越小越有充分的理由拒绝原假设 H_0.

p 值决策优于统计量决策. 因为 p 值提供了更多的信息，而统计量决策是只要落入拒绝域就拒绝原假设. 统计量落在临界值附近和落在远离临界值的地方被同等看待，而 p 值是根据实际的统计量算出的显著水平，每一个由样本观测值计算得到的统计量的值都对应于一个 p 值，它能精确的告诉我们显著水平是多少.

列联表独立性检验是皮尔逊拟合检验的特例，是最常用的一种非参数假设检验. 列联表是指由两个或两个以上的属性变量进行交叉分类时的频数分布表. 一般地，若总体中的个体可以按两个属性 A 与 B 分类，其中 A 有 $A_1, A_2, \cdots, A_r$ 共 r 类；B 有 $B_1, B_2, \cdots, B_c$ 共 c 类. 从总体中抽取大小为 n 的样本，设其中有 n_{ij} 个个体既属于类 A_i，又属于类 B_j，这里 n_{ij} 称为频率，$i=1, 2, \cdots, r$；$j=1, 2, \cdots, c$，且 $\sum_{i=1}^{r} \sum_{j=1}^{c} n_{ij} = n$. 将 $r \times c$ 个 n_{ij} 排列成一个 r 行 c 列的二维列联表，简称为 $r \times c$ 表(见表 10.1). 列联表在医学、生物学和社会科学等学科中有着广泛的应用.

表 10.1　$r \times c$ 列联表

A\B	1	2	…	c	$\sum$
1	n_{11}	n_{12}	…	n_{1c}	$n_{1\cdot}$
2	n_{21}	n_{22}	…	n_{2c}	$n_{2\cdot}$
⋮	⋮	⋮		⋮	⋮
r	n_{r1}	n_{r2}	…	n_{rc}	$n_{r\cdot}$
$\sum$	$n_{\cdot 1}$	$n_{\cdot 2}$	…	$n_{\cdot c}$	n

列联表分析的基本问题是判断各属性之间有无关联，及判别两属性是否独立. 若以 $p_{i.}$，$p_{.j}$ 和 p_{ij} 分别表示总体中的个体仅属于类 A_i，仅属于类 B_j 和同时属于类 A_i 和类 B_j 的概率，则“A 与 B 两属性独立”的假设可以表述为

$$H_0: p_{ij} = p_{i.} \cdot p_{.j}, \quad i = 1,2,\cdots,r;\ j = 1,2,\cdots,c.$$

这里只知道 $p_{i.} \cdot p_{.j} \geqslant 0, \sum_{i=1}^{r} p_{i.} = 1, \sum_{j=1}^{c} p_{.j} = 1$，而其他情况未知，所以这是一个带参数 $p_{i.}$ $(i = 1,2,\cdots,r), p_{.j}(j = 1,2,\cdots,c)$ 的拟合优度检验问题. 因此，需要先用最大似然估计来估计 $p_{i.}, p_{.j}$，得到

$$\hat{p}_{i.} = \frac{n_{i.}}{n}, \quad i = 1,2,\cdots,r; \quad \hat{p}_{.j} = \frac{n_{.j}}{n}, \quad j = 1,2,\cdots,c,$$

其中 $n_{i.} = \sum_{j=1}^{c} n_{ij}, n_{.j} = \sum_{i=1}^{r} n_{ij}$. 这样就可以计算 Pearson χ^2 检验统计量

$$\chi^2 = \sum_{i=1}^{r}\sum_{j=1}^{c} \frac{\left[n_{ij} - n\left(\frac{n_{i.}}{n}\right)\left(\frac{n_{.j}}{n}\right)\right]^2}{n\left(\frac{n_{i.}}{n}\right)\left(\frac{n_{.j}}{n}\right)} = \sum_{i=1}^{r}\sum_{j=1}^{c} \frac{(n \cdot n_{ij} - n_{i.} \cdot n_{.j})^2}{n \cdot n_{i.} \cdot n_{.j}}.$$

然后再计算其自由度. 由于 $\sum_{i=1}^{r} p_{i.} = 1, p_{i.}(i = 1,2,\cdots,r)$ 中未知参数只有 $r-1$ 个，同理，$p_{.j}(j = 1,2,\cdots,c)$ 中未知参数只有 $c-1$ 个，故共有 $r+c-2$ 个未知参数，而 χ^2 的自由度就为 $rc - 1 - (r + c - 2) = (r-1)(c-1)$，这样在计算出 χ^2 值后，其拒绝域为

$$\chi^2 > \chi^2_{\alpha}((r-1)(c-1)).$$

或计算其 p 值来进行检验，这里 $p=P(\chi^2(r-1)(c-1)>\chi^2)$.

当 $r=c=2$ 时，列联表中只有 4 个格子，称为“四格表”，这时 χ^2 简化为

$$\chi^2 = \frac{n(n_{11}n_{22} - n_{12}n_{21})^2}{n_{1.}n_{2.}n_{.1}n_{.2}},$$

其自由度为 1.

10.2 实验目的及要求

实验目的 理解 χ^2 检验的基本思想，熟练掌握 χ^2 检验的分析方法和基本步骤.

具体要求 学会针对问题的实际背景来提出原假设和备择假设并进行检验，并根据检验结果作出符合统计学原理和实际情况的判断和结论. 掌握列联表独立性检验的原理，能够运用 Excel 对两个分类变量的独立性进行假设检验.

10.3 实验过程

现将 χ^2 检验法的基本步骤总结如下：

(1) 提出原假设

$$H_0: F(x) = F_0(x) \quad \text{或} \quad H_0: \text{总体服从某种分布};$$

(注：若总体分布中含有 r 个未知参数，则需要先用最大似然估计法估计出这些参数的值.)

(2) 将总体 X 的取值范围分成 k 个互不重叠的小区间 $A_1, A_2, \cdots, A_k$，一般 $5 \leqslant k \leqslant 16$；

(3) 计算频数 n_i，即所给的 n 个样本观测值 $x_1,x_2,\cdots,x_n$ 中落入第 i 个区间 A_i 内的个数；

(4) 在 H_0 成立的条件下，计算 X 落入第 i 个区间 A_i 的概率 p_i；

(5) 计算统计量 $\chi^2=\sum_{i=1}^{k}\frac{(n_i-np_i)^2}{np_i}$ 的值；

(6) 对给定的显著水平 α，查表或者在 Excel 中由 CHIINV 函数得到 $\chi_\alpha^2(k-r-1)$ 的值，若 $\chi^2>\chi_\alpha^2(k-r-1)$，则拒绝 H_0，否则不能拒绝 H_0.

注意　目前统计软件中流行的方法是利用检验统计量的 p 值来进行判断：若 $p<\alpha$，则拒绝 H_0；如果 $p\geqslant\alpha$，则不拒绝 H_0.

例 10.1　把一颗骰子重复抛掷 300 次，结果如表 10.2 所示：

表 10.2　骰子点数频数表

出现点数	1	2	3	4	5	6
出现频数	40	70	48	60	52	30

试检验这颗骰子的六个面是否均匀(取 $\alpha=0.05$)?

解　根据题意提出检验假设为

$$H_0:\text{这颗骰子的六个面是均匀的}\quad\text{或}\quad P(X=i)=\frac{1}{6},\ (i=1,2,\cdots,6).$$

事件 $A_i=\{X=i\}(i=1,2,\cdots,6)$ 为互不相容事件，$n=300$. 在原假设成立的条件下有下图 10.1：

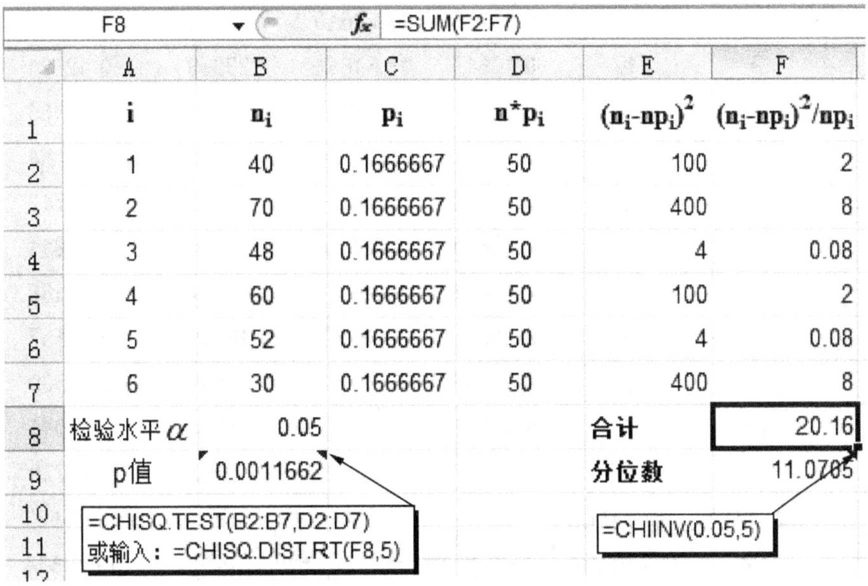

F8　=SUM(F2:F7)

	A	B	C	D	E	F
1	i	n_i	p_i	$n*p_i$	$(n_i-np_i)^2$	$(n_i-np_i)^2/np_i$
2	1	40	0.1666667	50	100	2
3	2	70	0.1666667	50	400	8
4	3	48	0.1666667	50	4	0.08
5	4	60	0.1666667	50	100	2
6	5	52	0.1666667	50	4	0.08
7	6	30	0.1666667	50	400	8
8	检验水平α	0.05			合计	20.16
9	p值	0.0011662			分位数	11.0705

=CHISQ.TEST(B2:B7,D2:D7)
或输入：=CHISQ.DIST.RT(F8,5)

=CHIINV(0.05,5)

图 10.1　骰子均匀性的拟合检验

在 F8 单元格中输入"=SUM(F2:F7)"，计算出 $\chi^2=20.16$. 由于没有未知参数，所以自由度为 $k-1=6-1=5$，由函数命令"=CHIINV(0.05,5)"计算得到 $\chi_{0.05}^2(5)=11.07$. 因为 $\chi^2>\chi_{0.05}^2(5)$，所以拒绝原假设 H_0. 或者用 p 值来进行判断：由于 $p=0.0011662<\alpha=0.05$，故拒绝

原假设 H_0,认为这颗骰子的六个面不均匀.

例 10.2　在一次试验中,每隔一段时间观察一次由某种铀所放射的到达计数器上的 α 粒子数,共观察 100 次,得结果如下表 10.3 所示:

表 10.3　α 粒子数记录表

i	0	1	2	3	4	5	6	7	8	9	10	11	≥12
n_i	1	5	16	17	26	11	9	9	2	1	2	1	0

其中 n_i 是观察到有 i 个 α 粒子的次数. 从理论上考虑 X 应服从泊松分布 $X\sim P(\lambda)$. 试根据表 10.3 中的数据检验此假设是否符合实际情况(取 $\alpha=0.05$)?

解　根据题设条件,提出检验假设为

$$H_0: \text{总体 } X \text{ 服从泊松分布 } P(X=i)=\frac{\lambda^i}{i!}e^{-\lambda},\quad i=0,1,2,\cdots.$$

由于在 H_0 中参数 λ 未知,所以先估计 λ,由最大似然估计法得 $\lambda=\bar{x}=4.2$. 在原假设成立的条件下,可在 Excel 中如图 10.2 输入数据进行计算:

C2　f_x =(4.2)^A2*EXP(-4.2)/FACT(A2)

	A	B	C	D	E	F
1	i	n_i	p_i	$n*p_i$	$(n_i-np_i)^2$	$(n_i-np_i)^2/np_i$
2	0	1	0.01500	1.49956	0.24956	0.16642
3	1	5	0.06298	6.29814	1.68517	0.26757
4	2	16	0.13226	13.22610	7.69453	0.58177
5	3	17	0.18517	18.51654	2.29989	0.12421
6	4	26	0.19442	19.44237	43.00257	2.21180
7	5	11	0.16332	16.33159	28.42582	1.74054
8	6	9	0.11432	11.43211	5.91516	0.51742
9	7	9	0.06859	6.85927	4.58274	0.66811
10	8	2	0.03601	3.60111	2.56357	0.71188
11	9	1	0.01681	1.68052	0.46311	0.27557
12	10	2	0.00706	0.70582	1.67491	2.37300
13	11	1	0.00269	0.26949	0.53364	1.98015
14	≥12	0	0.00137	0.13739	0.01887	0.13739
15	检验水平 α	0.05			合计	11.75582
16	p值	0.465484			分位数	19.67514
17						
18						

=1-SUM（C2:C13）

=CHISQ.TEST(B2:B14,D2:D14)
或输入：=CHISQ.DIST.RT(F15,11)

=CHIINV(0.05,11)

图 10.2　检验放射性粒子数是否服从泊松分布

注意,其中 $p_{12}=P(X\geqslant 12)=1-P(X\leqslant 11)=1-\sum_{i=0}^{11}p_i=0.00137.$

由上表 10.3 计算出 $\chi^2=11.756$，由于总体分布中含有一个未知参数 λ，所以自由度为 $k-r-1=13-1-1=11$，则由 CHIINV 函数得到 $\chi^2_{0.05}(11)=19.675$. 由于 $\chi^2<\chi^2_{0.05}(11)$，所以不能拒绝原假设 H_0. 或者用 p 值来进行判断：由于 $p=0.465484>\alpha=0.05$，故不能拒绝原假设 H_0，认为样本来自泊松分布总体.

例 10.3　下表 10.4 是对 123 人进行关于某项政策调查所得结果的一个列联表，在给定的显著水平 $\alpha=0.05$ 的条件下，试检验个人观点与收入是否相互独立？

表 10.4　不同收入人群对某项政策的观点

	反对	支持	合计
低收入	7	45	52
中收入	15	25	40
高收入	19	12	31
合计	41	82	123

解　要检验个人观点与收入是否相互独立，其原假设和备择假设分别为

H_0：个人观点和收入相互独立 $\longleftrightarrow$ H_1：个人观点和收入不独立.

下面根据 χ^2-检验的基本原理，利用 Excel 创建公式进行独立性检验，其过程如图 10.3 所示. 这里显著水平为 0.05，3 代表列联表的行数，2 代表列联表的列数.

C21　=SUM(C18:D20)

	A	B	C	D	E	F	G
1			χ^2 检验				
2		检验水平 α	0.05	r =	3	c=	2
3			观察频数				
4			反对	支持	合计		
5		低收入	7	45	52		
6		中收入	15	25	40		
7		高收入	19	12	31		
8		合计	41	82	123		
9							
10			理论频数 $n_{i.}*n_{.j}/n$				
11			反对	支持			
12		低收入	17.333	34.667			
13		中收入	13.333	26.667			
14		高收入	10.333	20.667			
15							
16			$(n*n_{ij}-n_{i.}*n_{.j})^2/n*n_{i.}*n_{.j}$				
17			反对	支持			
18		低收入	6.160	3.080			
19		中收入	0.208	0.104			
20		高收入	7.269	3.634			
21		统计量 χ^2	20.456				
22		自由度	2				
23		分位数	5.991				

```
=$E5*D$8/$E$8
=(D5-D12)^2/D12
=(E2-1)*(G2-1)
=CHIINV(C2,C22)
```

图 10.3　列联表独立性检验

由于 $\chi^2=20.456>\chi^2_{0.05}(2)=5.991$，所以拒绝原假设 H_0.

10.4 讨论

利用上面介绍的方法对下面给出的假设检验问题进行分析：

(1) 自1965年1月1日至1971年2月9日共2231天中，全世界记录到里氏震级4级和4级以上地震计162次，统计如下表10.5所示：

表10.5 相继两次地震记录表

间隔天数 x	0～4	5～9	10～14	15～19	20～24	25～29	30～34	35～39	40
出现的频数	50	31	26	17	10	8	6	6	8

试检验相继两次地震间隔的天数 X 是否服从指数分布？(取 $\alpha=0.05$)

(2) 从一批棉纱中随机抽取300条进行拉力试验，结果列在下表10.6中，请检验棉纱的拉力强度 X(单位:公斤)是否服从正态分布(取 $\alpha=0.01$)？

表10.6 棉纱拉力数据表

i	x	f_i	i	x	f_i
1	0.5～0.64	1	8	1.48～1.62	53
2	0.64～0.78	2	9	1.62～1.76	25
3	0.78～0.92	9	10	1.76～1.90	19
4	0.92～1.06	25	11	1.90～2.04	16
5	1.06～1.20	37	12	2.04～2.18	3
6	1.20～1.34	53	13	2.18～2.38	1
7	1.34～1.48	56			

(3) 为了研究吸烟是否与患肺癌有关，对63位肺癌患者及43名非肺癌患者(对照组)调查了其中的吸烟人数，得到2×2列联表，见下表10.7所示：

表10.7 列联表数据

	患肺癌	未患肺癌	合计
吸烟	60	32	92
不吸烟	3	11	14
合计	63	43	106

问"是否吸烟"与"是否患肺癌"两者是否统计独立？

(4) 某研究人员收集了亚洲、欧洲和北美洲人的A,B,AB,O血型资料，结果如表10.8所示，问不同地区的人群血型分类构成是否一样？

表10.8 三个不同地区血型样本的频数分布

地区	A	B	AB	O	合计
亚洲	321	369	95	295	1080
欧洲	516	86	44	388	1034
北美洲	408	106	37	444	995
合计	1245	561	176	1127	3109

实验十一　单因素方差分析

11.1　实验原理

方差分析是利用实验数据，分析多个因素(如品种、施肥量等)对一事物某指标(如平均亩产量)的影响是否显著的一种统计分析方法.单因素方差分析是方差分析中最简单的一种，即影响该指标的因素只有一个.具体而言：设一个因素 A 有 r 个水平，在这 r 个水平(对应 r 个总体)下分别进行试验，得到来自这 r 个总体的试验数据，现在要分析这 r 个总体的该指标是否有显著差异.

单因素方差分析的三个基本假设：

(1) 每个总体都应服从正态分布.也就是说，对于因素的每一个水平，其观察数据是来自服从正态分布总体的简单随机样本.

(2) 各个总体的方差 σ^2 虽然未知，但要假设它们相同.也就是说，各组观察数据是从具有相同方差的总体中抽取的.

(3) 观察数据是独立的.

下面给出单因素方差分析的数学模型：

设因素 A 有 r 个水平 $A_1,\cdots,A_r$，在水平 A_i 下进行 $n_i(n_i\geqslant 2,i=1,\cdots,r)$ 次独立试验，试验结果如下表 11.1 所示：

表 11.1　样本观察值

水平	样本观察值			
A_1	x_{11}	x_{12}	$\cdots$	x_{1n_1}
A_2	x_{21}	x_{22}	$\cdots$	x_{2n_2}
$\vdots$	$\vdots$	$\vdots$		$\vdots$
A_r	x_{r1}	x_{r2}	$\cdots$	x_{rn_r}

其中 x_{ij} 表示在第 i 水平 A_i 下进行第 j 次试验的结果($i=1,2,\cdots,r;j=1,2,\cdots,n_i$).

设 $x_{ij}\sim N(\mu_i,\sigma^2)$，则方差分析的模型为

$$x_{ij}=\mu_i+\varepsilon_{ij},\quad \varepsilon_{ij}\sim N(0,\sigma^2),\tag{11.1}$$

其中 μ_i,σ^2 未知，且各 ε_{ij} 相互独立，$i=1,2,\cdots,r;j=1,2,\cdots,n_i$.对于模型(11.1)，待检验的假设为

$$\mathrm{H}_0:\mu_1=\mu_2=\cdots=\mu_r\leftrightarrow \mathrm{H}_1:\mu_1,\mu_2,\cdots,\mu_r\ \text{不全相等}.$$

记 $SS=\sum\limits_{i=1}^{r}\sum\limits_{j=1}^{n_i}(x_{ij}-\overline{x})^2$，$SS_e=\sum\limits_{i=1}^{r}\sum\limits_{j=1}^{n_i}(x_{ij}-\overline{x}_{i\cdot})^2$，$SS_A=\sum\limits_{i=1}^{r}\sum\limits_{j=1}^{n_i}(x_{i\cdot}-\overline{x})^2$，则 $SS=SS_e+SS_A$.

理论上可以证明：在 H_0 为真的条件下，有

$$F=\frac{SS_A/df_A}{SS_e/df_e}\sim F(df_A,df_e).$$

所以，拒绝域为 $W=\{F\geqslant F_\alpha(df_A,df_e)\}$，其中 df_A,df_e 分别表示 SS_A 和 SS_e 的自由度.对给定的 α，可作如下判断：

(1) 如果 $F > F_\alpha(df_A, df_e)$,则拒绝原假设 H_0,认为因素 A 显著;

(2) 如果 $F \leqslant F_\alpha(df_A, df_e)$,则不拒绝原假设 H_0,认为因素 A 不显著.

11.2 实验目的及要求

实验目的 掌握 Excel 数据分析工具中"方差分析:单因素方差分析"工具的使用方法.

具体要求 熟悉单因素方差分析的检验步骤,能对检验的结果作出正确合理的解释,从而判断该因素的各水平是否有显著差异,并作出相应的决策.

11.3 实验过程

例 11.1 为了研究咖啡因对人体功能的影响,特选 30 名体质大致相同的健康的男大学生进行手指叩击测试,这里咖啡因选三个水平:

$$A_1 = 0(\text{mg}), \quad A_2 = 100(\text{mg}), \quad A_3 = 200(\text{mg}).$$

每个水平下冲泡 10 杯水,外观无差别,并加以编号,然后让这 30 位大学生每人从中任选一杯服下,2 小时后,请每人做手指叩击,统计员记录其每分钟叩击次数,试验结果如表 11.2 所示:

表 11.2 30 个大学生叩击次数记录

咖啡因剂量	叩击次数									
A_1:0(mg)	242	245	244	248	247	248	242	244	246	242
A_2:100(mg)	248	246	245	247	248	250	247	246	243	244
A_3:200(mg)	246	248	250	252	248	250	246	248	245	250

请对上述数据进行方差分析,考查咖啡因对人体功能是否有影响.

解 (1) 建立数据文件如图 11.1 所示.

	A	B	C	D	E	F	G	H	I	J	K
1	**咖啡因对人体功能的影响**										
2											
3	咖啡因剂量					叩击次数					
4	0(mg)	242	245	244	248	247	248	242	244	246	242
5	100(mg)	248	246	245	247	248	250	247	246	243	244
6	200(mg)	246	248	250	252	248	250	246	248	245	250

图 11.1 实验数据输入

(2) 从主菜单中选择【数据】/【分析】/【数据分析】,在【数据分析】对话框中选择【方差分析:单因素方差分析】选项,如图 11.2 所示.

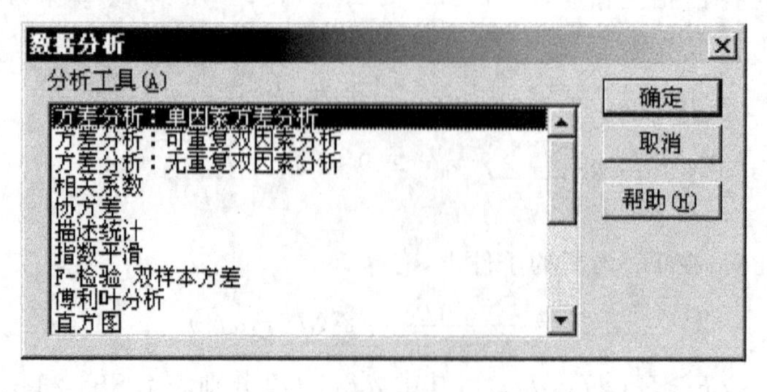

图 11.2 数据分析对话框

(3) 单击【确定】按钮，弹出【方差分析：单因素方差分析】对话框，如图 11.3 所示，按对话框进行设置.

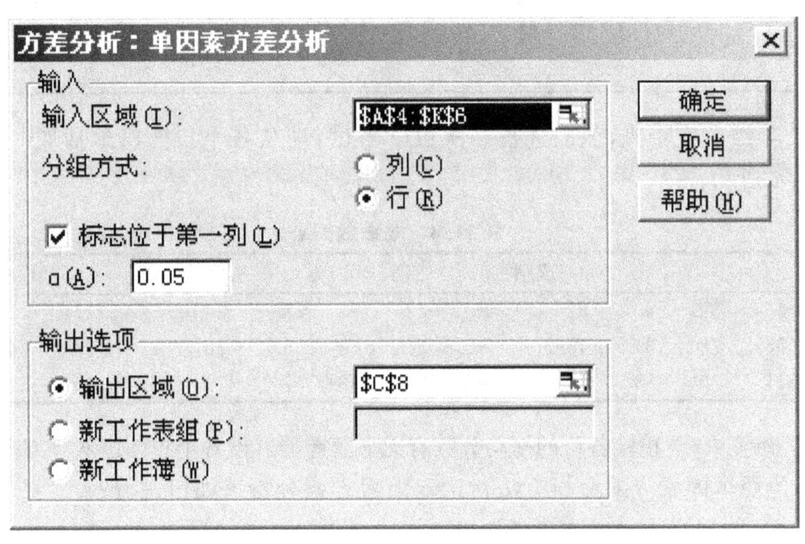

图 11.3　方差分析：单因素方差分析对话框

(4) 单击【确定】按钮，单因素方差分析结果如图 11.4 所示.

方差分析：单因素方差分析

SUMMARY

组	观测数	求和	平均	方差
0(mg)	10	2448	244.8	5.73333
100(mg)	10	2464	246.4	4.26667
200(mg)	10	2483	248.3	4.9

方差分析表

差异源	SS	df	MS	F	P-value	F crit
组间	61.4	2	30.7	6.18121	0.00616	3.35413
组内	134.1	27	4.96667			
总计	195.5	29				

图 11.4　单因素方差分析结果

(5) 结果分析：因为 F 的值 6.18 大于 F 临界值 3.35，所以可认为因素 A 显著，即可认为咖啡因对人体功能是有显著影响的. 这也可以由 $p=0.00616<0.05$ 得到相同结论.

11.4　讨论

利用上面介绍的方法对下面两个问题进行单因素方差分析：

(1) 有 8 位食品专家对三种配方的食品随机品尝，然后给食品的口感分别打分(满分为 10 分)，见下表 11.3. 问三种配方的平均分数是否相同(取 $\alpha=0.05$，假设打分服从方差相等的正态分布)?

表 11.3　食品专家对食品的打分分数表

专家	1	2	3	4	5	6	7	8
配方 1	8	4	5	6	7	8	6	5
配方 2	6	2	7	5	3	7	4	6
配方 3	5	7	6	3	4	7	5	5

(2) 一个年级有三个班,他们进行一次数学考试,现从各个班随机地抽取一些学生,记其成绩如表 11.4 所示:

表 11.4　成绩数据表

班级	成绩													
Ⅰ	73	66	89	60	82	45	43	93	80	36	73	77		
Ⅱ	88	77	78	31	48	78	91	62	51	76	85	96	74	80	56
Ⅲ	68	41	79	59	56	68	91	53	71	79	71	15	87		

试在显著水平 $\alpha=0.05$ 下检验各班的平均分数有无显著差异.(设各个总体服从等方差的正态分布)

另外,请仿照单因素方差分析方法讨论双因素方差分析该如何进行?

实验十二　回归分析实验

12.1　实验原理

回归分析是数理统计中最为活跃、应用最为广泛的一个方向,它研究一个随机变量(因变量)与一个或多个普通变量(自变量)之间的相关关系并建立回归模型,在 Excel 中能较为方便地对数据资料进行回归分析并迅速获得结果.目前已经有很多文献资料对此进行阐述,多数还以实际案例进行说明.鉴于这些原因和本书篇幅所限,本实验只以两个案例介绍回归分析的主要内容和在 Excel 中做回归分析的步骤和方法.

回归分析是一种常用的统计方法,它根据观测数据 $(x_i,y_i)(i=1,2,\cdots,n)$ 来确定出直线或曲线方程——回归方程,使得对每一个 $x_i(i=1,2,\cdots,n)$,回归方程的值 $\hat{y}_i$ 和实际观察数据 y_i 之间的偏差的平方和最小,即使得平方和 $S_e=\sum_{i=1}^{n}e_i^2=\sum_{i=1}^{n}(y_i-\hat{y}_i)^2$ 达到最小,其中 $e_i=y_i-\hat{y}_i(i=1,2,\cdots,n)$ 称为**残差**,S_e 称为**残差平方和**.这种方法就是最早由高斯所引进的著名的最小二乘法,最小二乘法在建立回归模型、估计参数等方面是一种长盛不衰的经典方法.

一、一元线性回归方程介绍

设对具有相关关系的两个变量 x 和 y 进行了 n 次观测,获得观测值为 $(x_i,y_i)(i=1,2,\cdots,n)$,若 y_i 与 x_i 之间存在线性相关关系

$$y_i=\beta_0+\beta_1x_i+\varepsilon_i,\quad i=1,2,\cdots,n,$$

其中 $\varepsilon_i(i=1,2,\cdots,n)$ 为 n 个相互独立的随机变量且服从正态分布 $N(0,\sigma^2)$,β_0,β_1 是未知参数.根据最小二乘法可求得 β_0,β_1 的估计值分别为

$$\hat{\beta}_1=\frac{\sum_{i=1}^{n}(x_i-\overline{x})(y_i-\overline{y})}{\sum_{i=1}^{n}(x_i-\overline{x})^2}=\frac{L_{xy}}{L_{xx}},\quad \hat{\beta}_0=\overline{y}-\hat{\beta}_1\overline{x},$$

其中 $\overline{x}=\frac{1}{n}\sum_{i=1}^{n}x_i,\overline{y}=\frac{1}{n}\sum_{i=1}^{n}y_i$. 从而得一元线性回归方程 $\hat{y}=\hat{\beta}_0+\hat{\beta}_1x$.

二、回归方程的显著性检验

考虑观测值 $y_1,y_2,\cdots,y_n$ 的偏差平方和 $S_T=\sum_{i=1}^{n}(y_i-\overline{y})^2=L_{yy}$，$S_T$ 反映了观测值 y_i $(i=1,2,\cdots,n)$ 相对于 $\overline{y}$ 的总的分散程度. 易见

$$\begin{aligned}S_T&=\sum_{i=1}^{n}(y_i-\overline{y})^2=\sum_{i=1}^{n}[(y_i-\hat{y}_i)+(\hat{y}_i-\overline{y})]^2\\&=\sum_{i=1}^{n}(y_i-\hat{y}_i)^2+\sum_{i=1}^{n}(\hat{y}_i-\overline{y})^2=S_e+S_R,\end{aligned}$$

其中 $S_R=\sum_{i=1}^{n}(\hat{y}_i-\overline{y})^2$ 称为**回归平方和**，它反映了回归值 $\hat{y}_i$ 相对于 $\overline{y}$ 的分散程度；$S_e=\sum_{i=1}^{n}(y_i-\hat{y}_i)^2$ 称为**残差平方和**，它反映了观测值 y_i 偏离回归直线的程度. 通常把 $r=\frac{L_{xy}}{\sqrt{L_{xx}\cdot L_{yy}}}$ 称为线性回归方程的**相关系数**，它刻画了 x 和 y 两个变量间线性关系的相关程度.

注意　由 $S_T=S_e+S_R$ 可得 $1=S_e/S_T+S_R/S_T$，若回归直线与数据拟合较好，则 S_e 应该很小，接近于 0，因而 $R^2=S_R/S_T$ 应该较大，接近于 1. 通常称 R^2 为**可决系数**，R^2 越接近 1，说明回归模型越能反映实际数据信息.

由于仅当 $\beta_1\neq 0$ 时，x 和 y 之间才存在线性关系，所以检验 x 和 y 之间的线性相关关系是否显著，只要检验假设

$$H_0:\beta_1=0$$

是否成立即可. 如果 H_0 为真，则统计量 $F=\frac{S_R/1}{S_e/(n-2)}\sim F_\alpha(1,n-2)$. 因此在给定的显著水平 α 下，如果 $F\geqslant F_\alpha(1,n-2)$，则拒绝 H_0，认为在显著水平 α 下，y 和 x 之间的线性相关关系显著，否则认为所求的回归方程无实际意义，具体检验可在方差分析表上进行.

12.2　实验目的及要求

实验目的　理解最小二乘法的原理，能借助计算机对实际数据资料做回归分析，包括建立模型、估计参数、检验和预测.

具体要求　熟练掌握一元回归分析的基本思想和具体操作，包括对散点图添加趋势线的方法以及使用 Excel 自带的回归分析工具方法. 添加趋势线法能迅速获得具体回归方程和拟合优度，直观地给出因变量与自变量之间的相关关系，但要对回归模型作参数检验和模型评价时，使用回归分析工具法就具有优势. 另外，对回归分析所得结论应结合实际情况给出合理的解释.

12.3　实验过程

例 12.1　为调查某地区零售额 x(单位：万元)及税收额 y(单位：万元)之间的关系，随机抽取了 9 个商场，得到数据资料如下：

零售额 x：142.08，177.30，204.68，242.68，316.24，341.99，332.69，389.29，453.40；

税收额 y：　3.93，　5.96，　7.85，　9.82，12.50，15.55，15.79，16.39，18.45.

试建立税收额 y 和零售额 x 的关系.

解　首先画散点图，先选取数据区域 B1:C10，然后单击【插入】/【散点图】，发现数据点基

本分布在一条直线附近,说明 y 与 x 之间存在明显的线性相关关系.也可以在单元格 C12 内输入函数命令"=CORREL(B2:B10,C2:C10)"计算出 y 与 x 的样本相关系数为 0.98107,如图 12.1 所示.

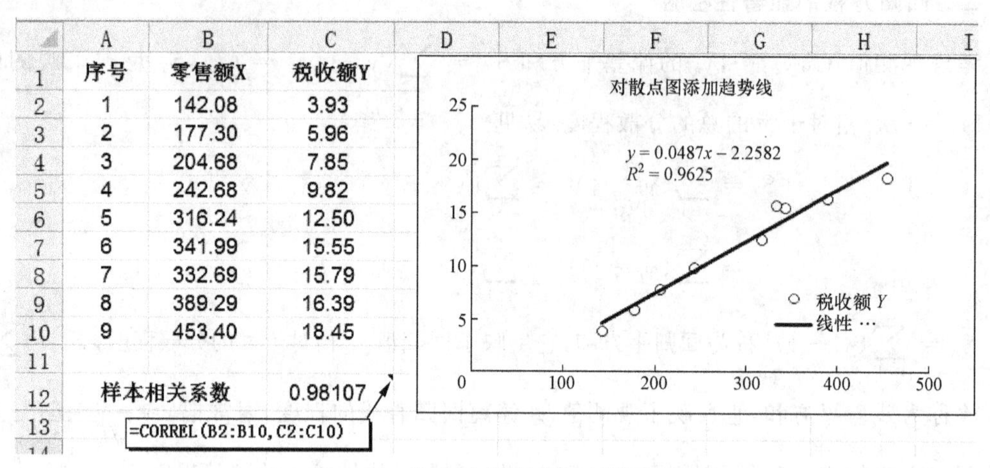

序号	零售额X	税收额Y
1	142.08	3.93
2	177.30	5.96
3	204.68	7.85
4	242.68	9.82
5	316.24	12.50
6	341.99	15.55
7	332.69	15.79
8	389.29	16.39
9	453.40	18.45
样本相关系数		0.98107

图 12.1 散点图、趋势线及相关系数

接下来右击任一数据点,在出现的对话框中选择【添加趋势线】,接着在出现的设置趋势线格式对话框中按图 12.2 输入有关选项,其中的"显示 R 平方值"就是要给出前述的可决系数 R^2.关闭此对话框后得到回归方程 $y=0.0487x-2.2582$ 和可决系数 $R^2=0.9625$,说明回归直线拟合较好,如图 12.1 所示.

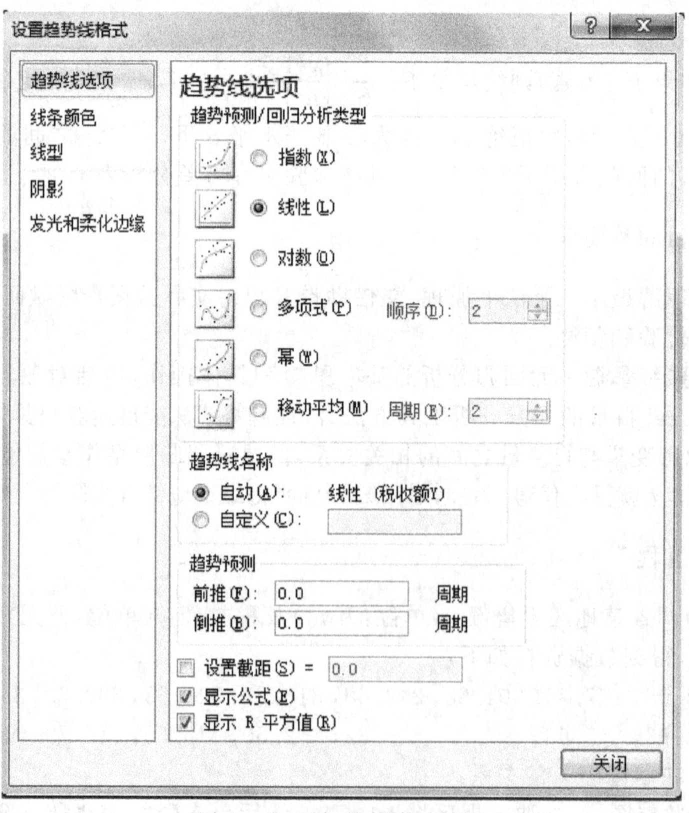

图 12.2 添加趋势线对话框

下面我们利用 Excel 自带的回归分析工具来对上述数据做回归分析. 用回归分析工具做回归分析时要求把因变量(税收额)放在左边,自变量(零售额)放在右边,这是因为因变量只有一个,而自变量可能有多个(如多元回归),这样安排便于处理,如图 12.3 所示.

	A	B	C	D	E
1	序号	税收额	零售额		
2	1	3.93	142.08		
3	2	5.96	177.30		
4	3	7.85	204.68		
5	4	9.82	242.68		
6	5	12.50	316.24		
7	6	15.55	341.99		
8	7	15.79	332.69		
9	8	16.39	389.29		
10	9	18.45	453.40		
11	预测	**12.34**	**300.00**		

=FORECAST(C11,B2:B10,C2:C10)

图 12.3　数据输入

依次单击【数据】/【数据分析】/【回归】,接着在出现的回归对话框中按图 12.4 输入有关选项,确定后得到回归分析工具输出结果,如图 12.5 所示.

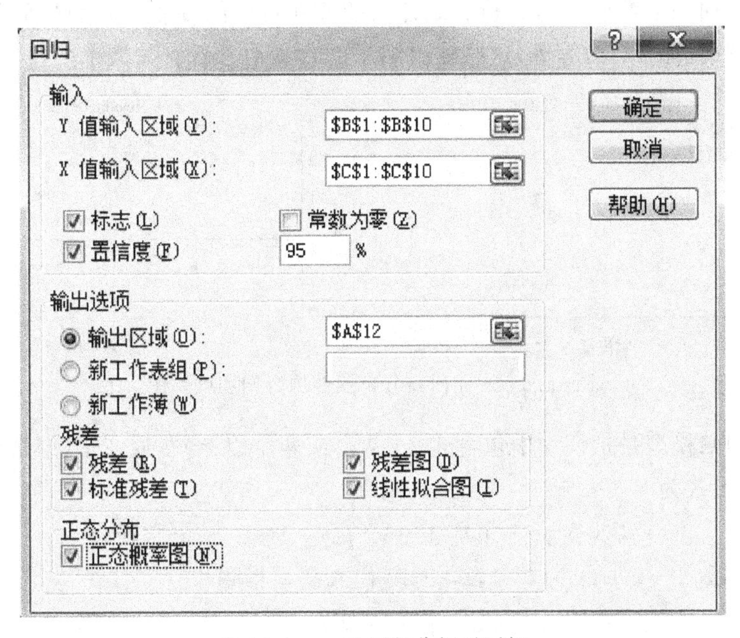

图 12.4　一元回归分析对话框

SUMMARY OUTPUT	
回归统计	
Multiple R	0.9811
R Square	0.9625
Adjusted R Sc	0.9571
标准误差	1.0641
观测值	9

方差分析

	df	SS	MS	F	Significance F
回归分析	1	203.40	203.40	179.65	3.017E-06
残差	7	7.93	1.13		
总计	8	211.33			

	Coefficients	标准误差	t Stat	P-value	Lower 95%	Upper 95%
Intercept	-2.258	1.108	-2.039	0.081	-4.877	0.361
零售额	0.049	0.004	13.403	0.000	0.040	0.057

图 12.5　一元回归分析工具输出结果

由图 12.5 输出结果可以得到回归方程为 $y=0.049x-2.258$ 和可决系数 $R^2=0.9625$，这和前面在散点图上添加趋势线所得到的结果一样. 但这里输出的结果更多，如方差分析表中就给出了对线性回归模型整体显著性检验的 F 统计量的值 179.65 以及对应的 p 值 3.017E-06，这个 p 值远远小于通常使用的检验水平 $\alpha=0.05$，说明回归模型整体线性检验是显著的. 输出的结果中还有对回归系数检验的 t-检验统计量的值和对应的 p 值、置信区间、标准误差、线性拟合图和残差图(见图 12.6)等等，这些输出结果的含义请参看有关概率统计文献.

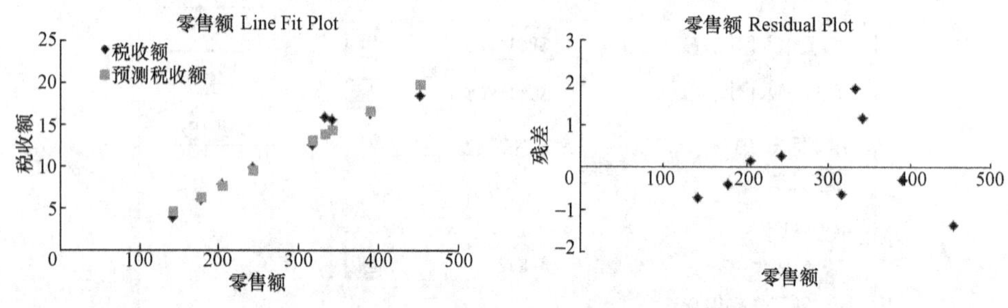

图 12.6　一元回归分析线性拟合图和残差图

多元线性回归模型是指模型中包含多个(两个或两个以上)普通变量(即自变量)的回归模型. 模型的一般形式为

$$y=\beta_0+\beta_1x_1+\beta_2x_2+\cdots+\beta_px_p+\varepsilon,\quad \varepsilon\sim N(0,\sigma^2).$$

将观测数据 $(x_{i1},x_{i2},\cdots,x_{ip},y_i)(i=1,2,\cdots,n)$ 代入模型得到

$$y_i=\beta_0+\beta_1x_{i1}+\beta_2x_{i2}+\cdots+\beta_px_{ip}+\varepsilon_i,\quad \varepsilon_i\sim N(0,\sigma^2).$$

估计模型参数的方法仍然是最小二乘法，即把参数的估计值取为使得偏差平方和 $Q(\beta_0,\beta_1,\cdots,\beta_p)=\sum_{i=1}^{n}\varepsilon_i^2$ 达到最小的值. 更多的详情请参考相关资料.

例 12.2　图 12.7 给出了我国从 1987 年至 2001 年社会商品零售总额(因变量)与四个普通变量(自变量)，即人均可支配收入、国内生产总值、固定投资总额和财政收入数据. 试对其进行多元回归分析.

	A	B	C	D	E	F
1	运用回归分析工具进行多元线性回归分析					
2						
3	年度	零售总额	人均可支配收入	国内生产总值	固定投资总额	财政收入
4	1987	5820.0	1002.2	11962.5	3791.7	2199.4
5	1988	7440.0	1181.4	14928.3	4753.8	2357.2
6	1989	8101.4	1375.7	16909.2	4410.4	2664.9
7	1990	8300.1	1510.2	18547.9	4517.0	2937.1
8	1991	9415.6	1700.6	21617.8	5594.5	3149.5
9	1992	10993.7	2026.6	26638.1	8080.1	3483.4
10	1993	12462.1	2577.4	34634.4	13072.3	4349.0
11	1994	16264.7	3496.2	46759.4	17042.1	5218.1
12	1995	20620.0	4283.0	58478.1	20019.3	6242.2
13	1996	24774.1	4838.9	67884.6	22913.6	7408.0
14	1997	27298.9	5160.3	74462.6	24941.1	8651.1
15	1998	29152.5	5425.1	78345.2	28406.2	9876.0
16	1999	31134.7	5854.0	82067.5	29854.7	11444.1
17	2000	34152.6	6280.0	89442.2	32917.7	13395.2
18	2001	37595.2	6859.6	95933.3	37213.5	16386.0

图 12.7　多元回归分析数据

首先建立数据文件如图 12.7 所示，接着依次单击【数据】/【数据分析】/【回归】，在出现的回归对话框中按图 12.8 输入有关选项，确定后得到回归分析工具输出结果，如图 12.9 所示.

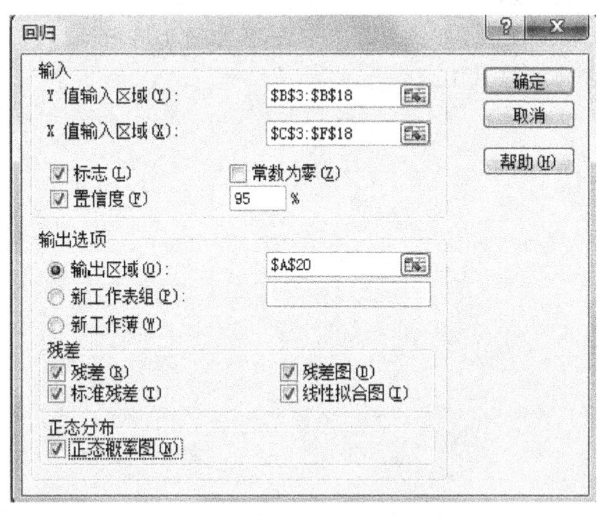

图 12.8　多元回归分析对话框

从输出结果可以看到，可决系数为 0.999299，几乎为 1，说明模型拟合良好，方差分析表中 F 统计量的 p 值为 1.0157E-15，说明模型整体线性检验非常显著，对五个线性回归系数的 t-检验均通过(对应的 p 值均小于 0.05)，所以四个自变量都应保留在模型中，最后得到四元线性回归模型

$$\hat{y} = 1457.35 - 3.157x_1 + 0.58x_2 - 0.347x_3 + 0.918x_4.$$

SUMMARY OUTPUT						
回归统计						
Multiple R	0.999649					
R Square	0.999299					
Adjusted R Squ	0.999018					
标准误差	342.909236					
观测值	15					
方差分析						
	df	SS	MS	F	Significance F	
回归分析	4	1676023439	419005859.6	3563.376666	1.0157E-15	
残差	10	1175867.44	117586.744			
总计	14	1677199306				
	Coefficients	标准误差	t Stat	P-value	Lower 95%	Upper 95%
Intercept	1457.350251	432.35828	3.370700455	0.007113035	493.9959736	2420.70453
人均可支配收入	-3.15708326	1.4088972	-2.240818748	0.048936216	-6.296301837	-0.01786468
国内生产总值	0.580350684	0.091856562	6.318010097	8.70344E-05	0.375681511	0.78501986
固定投资总额	-0.347308524	0.109252509	-3.178952402	0.009836934	-0.590738282	-0.10387877
财政收入	0.918015886	0.090436925	10.15089677	1.38543E-06	0.716509861	1.11952191

图 12.9 多元回归分析工具输出结果

12.4 讨论

在建立了回归方程并通过检验后，就可以利用该回归方程进行预测. 只要在方程的右边输入给定的自变量的值，就可以用回归方程计算出对应因变量的预测值. 另外，在 Excel 中还可以使用一些函数命令来做预测，如图 12.3 中在单元格 B11 中输入的命令“＝FORECAST(C11，B2：B10，C2：C10)”就是其中之一.

第3章　综合应用实验

实验十三　敏感性问题的调查与模拟

13.1　实验原理

当前统计方法被广泛应用于社会生活的各个方面，统计工作的基础是真实可靠的数据资料. 若第一手调查数据的可靠性不能保证，那么再好的统计分析方法都是无能为力的，所得结论也没有任何意义.

各种各样的因素都会影响调查数据的真实性，如调查人员的业务技能、调查方式、调查对象等. 特别是当调查涉及一些敏感性问题时，由于可能会泄露个人秘密或者个人隐私，被调查者往往不愿如实回答，因而调查数据的真实性就难以保证，如调查学生中考试作弊或观看色情录像的情况；一个社区中参加过赌博的人数所占比例；一类经营者中偷税漏税户的多少；等等. 对这类敏感性问题的调查，显然不能直截了当地询问被调查者，而应该充分运用调查技巧，设计一个巧妙的调查方案，使得调查者既能获得真实的调查结果又能保护被调查者的个人秘密.

经过多年的研究和实践，心理学家和统计学家们设计了一个针对敏感性问题的调查方案，巧妙地设计了一个随机取球模型解决了这个问题. 利用事件发生的频率具有稳定性这一规律，再结合全概率公式就可以较为准确地计算出所调查的敏感性事件发生的概率.

13.2　实验目的及要求

实验目的　理解敏感性问题调查的原理和方法.

具体要求　设计一个针对某个敏感性问题的调查方案，在计算机上对调查过程进行模拟计算，然后对模拟结果进行分析和讨论，加深对全概率公式的理解，体验运用概率论知识解决实际问题的整个过程.

13.3　实验过程

例 13.1　某次考试后，为了调查参试者中作弊的人所占的比例，设计如下调查方案：让每一位被调查者从装有 a 个红球和 b 个白球的罐子中任意取出一球，取球时旁人回避，只有被调查者自己知道所取球的颜色. 并且规定：

若取到白球，则被调查者回答一般问题甲：你的生日是否在 7 月 1 日之前？

若取到红球，则被调查者回答敏感性问题乙：你这次考试是否作弊？

回答过程很简单，在领到一张只有“是”或“否”两个选项的问卷后，被调查者只需根据自己取到的球的颜色回答其所对应的那个问题，并在问卷上勾选后再将问卷放入一个密封的箱子内即可. 因为旁人不知道被调查者回答的是一般问题还是敏感性问题，这样的调查方式就消除了被调查者的思想顾虑，所以说这是一个构思巧妙的调查方案，它能获得常规的调查方案不能获得的真实的调查数据，同时又保护了被调查者的个人秘密.

解 假设该次调查中被调查者的总人数为 n，而收回的 n 张问卷中回答“是”的答卷数为 k. 当 n 足够大时，可用事件 A=“问卷答案为‘是’”发生的频率 $f_n(A)=k/n$ 作为事件 A 发生的概率 $P(A)$ 的近似值，即 $f_n(A)\approx P(A)$；而事件 B=“被调查者取到红球”和事件 $\bar{B}$=“被调查者取到白球”构成样本空间的一个划分，且由问题假设条件知

$$P(B)=\frac{a}{a+b},\quad P(\bar{B})=\frac{b}{a+b}.$$

因为随机性，可以认为任意一个被调查者的生日在7月1日之前或之后是等可能的，则 $P(A|\bar{B})=\frac{1}{2}$，而 $p=P(A|B)$ 是取到红球回答敏感性问题的概率，这正是我们要调查的指标——敏感性概率.

由全概率公式，有

$$P(A)=P(B)P(A\mid B)+P(\bar{B})P(A\mid \bar{B})=\frac{a}{a+b}\cdot p+\frac{b}{a+b}\cdot\frac{1}{2}=rp+0.5(1-r),$$

其中 $r=\frac{a}{a+b}$ 为罐中红球所占的比例. 注意 $P(A)\approx f_n(A)=k/n$，代入上式整理后即得

$$p\approx\frac{k/n-0.5(1-r)}{r}. \tag{13.1}$$

这就是根据问卷调查结果给出的敏感性概率的估计.

实际调查中，答案为“是”的问卷数 k 是调查者查阅完全部有效问卷后才统计出来的. 实际调查工作往往需要花费大量的人力、物力和财力. 利用上面所得结论，我们可以利用计算机在 Excel 中对整个敏感性调查过程进行模拟.

如图 13.1 所示，先在 Excel 的工作表中输入相关选项，其中 A 列是项目说明，B 列是调查前就设定的数值以及计算公式，C 列是对 B 列中各单元格数值和公式的说明，单元格 B6 和 B7 给出了 k 的取值区间的下限和上限，其依据见后面的公式(13.3)，单元格 B9 中的敏感性概率计算公式来源于公式(13.1). 要特别说明的是单元格 B8 中生成随机数的函数公式“=RANDBETWEEN(n,m)”，该公式产生一个介于 n 和 m 之间的随机整数，并且每按一次 F9 键，随机数改变一次，这就使得我们能够动态地、迅速地展示模拟结果. 每按一次 F9 键，单元格 B8 中的随机整数 k 就改变一次，相应地，单元格 B9 中估计出的敏感性概率 p 也发生相应变化. 这里 k 介于 250 和 750 之间，表示由计算机随机模拟出的全部问卷中回答“是”的问卷数.

	A	B	C
1	项目	数值	左侧单元格公式说明
2	收回问卷数: n	1000	可作动态调整
3	红球数: a	30	可作动态调整
4	白球数: b	30	可作动态调整
5	红球比例: r	0.5	=B3/(B3+B4)
6	下限	250	=B2*(1-B5)/2
7	上限	750	=B2*(1+B5)/2
8	答是问卷数: k	303	=RANDBETWEEN(B6,B7)
9	敏感概率估计: p	0.106	=(B8/B2-0.5*(1-B5))/B5

图 13.1 敏感性概率的计算及模拟过程

在公式(13.1)中，特别地取 $a=b$，可得

$$p \approx \frac{2k}{n} - \frac{1}{2}. \tag{13.2}$$

利用近似公式(13.2)可以在 Excel 中计算出一系列 p 与 k 的对应值，见图 13.2. 在单元格 B3 中输入公式"=2 * B2/ $B$1-0.5"，确定后再拖放填充至 L3 放开，即可在单元格区域 B3:L3 内自动计算出与第 2 行中相应单元格内的 k 相对应的 p 值. 在单元格 B3 中输入公式中的 $B$1 是对单元格 B1 的绝对引用，它使得该计算公式中的 B1 的值 1000 在拖放填充过程中始终保持不变.

	A	B	C	D	E	F	G	H	I	J	K	L
1	n	1000										
2	k	250	300	350	400	450	500	550	600	650	700	750
3	p	0	0.1	0.2	0.3	0.4	0.5	0.6	0.7	0.8	0.9	1

图 13.2　敏感性概率 p 与 k 的对应值

13.4　讨论

在正常情况下，若 n 较大，如 $n=1000$，又假定取 $a=b=30$，$r=0.5$，即回答问题甲和问题乙的人数大致各占一半，那么 k 的值就不会太大，也不会太小，大约应该在 250 至 750 之间，这是因为对回答问题甲的大约占一半的答卷中，答案为"是"的问卷数，平均而言，就已经大约有 250 份. 公式(13.1)只是一个近似公式，k 的值不能太小，也不能太大，否则会出现敏感性概率 p 的估计值小于零或大于 1 的不合理情况. 比如，在上述假设下，当 $k=150$ 或 $k=800$ 时，由(13.1)式估计出的 p 值就分别为 -0.2 或 1.1，这显然是不合理的.

事实上，由概率的有界性，即 $0 \leqslant p \leqslant 1$，则代入(13.1)式可得

$$0 \leqslant \frac{k/n - 0.5(1-r)}{r} \leqslant 1,$$

也即

$$\frac{n(1-r)}{2} \leqslant k \leqslant \frac{n(1+r)}{2}. \tag{13.3}$$

当 $n=1000$ 时，若红球比例 r 分别取为 0.4，0.5 和 0.6，那么由公式(13.3)，相应 k 的取值范围就依次为[300,700]，[250,750]和[200,800].

本实验较完整地讨论了一个简单而有趣的敏感性问题调查案例，并详细给出了动态模拟过程，所使用的理论原理和计算工具并不复杂，但却能解决一类实际问题，这种分析处理方法是有借鉴和推广价值的.

实验十四　三项分布和三项超几何分布的计算

14.1　实验原理

多项分布和多维超几何分布的计算涉及多个组合数、乘幂等运算，计算较为复杂烦琐. 然而利用 Excel 提供的混合引用、组合函数等命令可以轻松地解决这些问题. 用类似的方法可以

讨论其他多维离散型随机变量的联合分布列的计算问题.

14.2 实验目的及要求

实验目的 掌握多维离散随机变量的联合分布列的计算并能进行推广.

具体要求 学会利用 Excel 相对引用、组合函数等命令计算较为复杂的多维离散随机变量的联合分布列.

14.3 实验过程

一、多项分布

多项分布是二项分布的推广,是重要的多维离散型分布.

若 n 次独立重复试验中,每次试验均有 r 种可能的结果:$A_1,A_2,\cdots,A_r$,且每次试验中 A_i 发生的概率均为 $p_i=P(A_i),i=1,2,\cdots,r$,且 $p_1+p_2+\cdots+p_r=1$.记 X_i 为 n 次独立重复试验中 A_i 发生的次数($i=1,2,\cdots,r$),则($X_1,X_2,\cdots,X_r$)取值($n_1,n_2,\cdots,n_r$)的概率为

$$P(X_1=n_1,X_2=n_2,\cdots,X_r=n_r)=\frac{n!}{n_1!n_2!\cdots n_r!}p_1^{n_1}p_2^{n_2}\cdots p_r^{n_r}, \tag{14.1}$$

这里 $n_1+n_2+\cdots+n_r=n$.称此联合分布为 r **项分布**,记做 $M(n,p_1,p_2,\cdots,p_r)$,也简称为**多项分布**.当 $r=3$ 时称为三项分布,它是最简单的多项分布.

例 14.1 一批产品共有 100 件,其中一等品 60 件、二等品 30 件、三等品 10 件.从这批产品中有放回地任取 3 件,以 X 和 Y 分别表示取出的 3 件产品中一等品、二等品的件数.求二维随机变量(X,Y)的联合分布列.

解 这是一个三项分布的问题.X 和 Y 的可能取值为 0,1,2,3,若取出的 3 件产品中有 i 件一等品、j 件二等品,则三等品的件数就为 $3-i-j$.由题意知,当 $i+j\leqslant 3$ 时,有

$$P(X=i,Y=j)=\frac{3!}{i!j!(3-i-j)!}\left(\frac{6}{10}\right)^i\left(\frac{3}{10}\right)^j\left(\frac{1}{10}\right)^{3-i-j}. \tag{14.2}$$

而当 $i+j>3$ 时,$P(X=i,Y=j)=P(\varnothing)=0$,所以($X,Y$)的联合分布列见表 14.1:

表 14.1 三项分布联合分布列的计算

X \ Y	0	1	2	3
0	0.001	0.009	0.027	0.027
1	0.018	0.108	0.162	0
2	0.108	0.324	0	0
3	0.216	0	0	0

该联合分布列的计算过程比较烦琐,但在 Excel 中用阶乘函数命令 FACT(k)和乘幂函数命令 POWER(n,k)并利用 Excel 的拖放填充功能可以准确快速地计算出结果.如图 14.1 所示,先在单元格区域 B2:B4 分别输入抽到一等品、二等品和三等品的概率,然后在 B5 中输入抽取的产品件数 n,接着在单元格区域 C2:C5 和 D1:G1 中输入随机变量 X 和 Y 可能的取值,而在单元格 D2 中输入公式

"=IF(($C2+D$1)>3,"0",(FACT($B$5)/FACT($C2)
/FACT(D$1)/FACT($B$5-$C2-D$1))

$* POWER(\$ B\$ 2, \$ C2) * POWER(\$ B\$ 3,D\$ 1)$
$* POWER(\$ B\$ 4, \$ B\$ 5- \$ C2-D\$ 1))$”,

用此公式可计算

$$P(X=0,Y=0)=\frac{3!}{0!0!(3-0-0)!}\left(\frac{6}{10}\right)^0\left(\frac{3}{10}\right)^0\left(\frac{1}{10}\right)^{3-0-0}.$$

确定后得所求概率值为 0.001. 其中 IF(logical_test, value_if_true, value_if_false)用于创建条件函数，表示“如果 $i+j>3$，则 $P(X=i,Y=j)=0$，否则按公式(14.2)计算概率”；POWER(number, power)用来计算数字的乘幂，如 POWER(\$B\$2, \$C2)，即 $\left(\frac{6}{10}\right)^0$. 然后鼠标单击单元格 D2 右下角，等出现小黑十字后按住不放，拖动鼠标至 G5 放开，就可以自动计算出所对应的全部概率值 $P(X=i,Y=j)$，得到 (X,Y) 的联合分布列.

	A	B	C	D	E	F	G
1	三项分布	p_i	分布列	0	1	2	3
2	抽到一等品概率	0.6	0	0.001	0.009	0.027	0.027
3	抽到二等品概率	0.3	1	0.018	0.108	0.162	0
4	抽到三等品概率	0.1	2	0.108	0.324	0	0
5	抽取产品件数 n	3	3	0.216	0	0	0

图 14.1　三项分布计算结果

二、多维超几何分布

多维超几何分布是超几何分布的自然推广，它可这样来描述：

设一批产品共有 N 件，其中有 N_i 件 i 等品，$i=1,2,\cdots,r$，显然有 $N_1+N_2+\cdots+N_r=N$. 现从这批产品中不放回地任意取出 n 件，记 X_i 为这 n 件产品中 i 等品的件数，$i=1,2,\cdots,r$，则 $(X_1,X_2,\cdots,X_r)$ 取值 $(n_1,n_2,\cdots,n_r)$ 的概率为

$$P(X_1=n_1,X_2=n_2,\cdots,X_r=n_r)=\frac{C_{N_1}^{n_1}C_{N_2}^{n_2}\cdots C_{N_r}^{n_r}}{C_N^n}, \tag{14.3}$$

其中 $n_1+n_2+\cdots+n_r=n$. 称此联合分布为 r **维超几何分布**. 当 $r=3$ 时称为三维超几何分布，它是最简单的多维超几何分布.

例 14.2　将例 14.1 中的有放回抽样改为不放回抽样，其余条件不变，求二维随机变量 (X,Y) 的联合分布列.

解　本例和例 14.1 类似，计算结果如图 14.2 所示，先在单元格 B2 中输入计算公式

“= IF(\$ A2 + B\$ 1 > 3,″0″,COMBIN(60, \$ A2) * COMBIN(30,B\$ 1)
* COMBIN(10,3- \$ A2-B\$ 1)/COMBIN(100,3))”

(请读者思考该公式的含义)，拖放填充至 E5 后放开可得到联合分布列.

	A	B	C	D	E
1	三项超几何分布列	0	1	2	3
2	0	0.0007	0.0083	0.0269	0.0251
3	1	0.0167	0.1113	0.1614	0
4	2	0.1095	0.3284	0	0
5	3	0.2116	0	0	0

图 14.2 三项超几何分布计算结果

实验十五 定积分的近似计算

15.1 实验原理

定积分的近似计算是实际问题中经常遇到的数学问题之一,在原子能研究和参数估计等问题中会出现许多复杂的单重与多重定积分.通常,人们都选用矩形公式、辛普生公式等来完成积分的近似计算.在许多情况下,使用这些近似计算公式虽然能够得到较为满意的结果,但计算量随着积分重数的增加而迅速地增加,以至于用计算机都无法完成.

定积分的计算是 Monte-Carlo 方法引入计算数学的开端,在实际问题中,我们经常遇到计算多重积分的复杂问题,用 Monte-Carlo 方法一般都能够很有效地予以解决,尽管该方法所得计算结果的精度不很高,但它能很快地提供出一个低精度的模拟结果也是很有价值的.而且,在多重积分中,由于 Monte-Carlo 方法的计算误差与积分重数无关,因此它比常规方法在近似计算中更具优势.

一、随机投点法

先讨论简单情形,设函数 $f(x)$ 在区间 $[0,1]$ 上连续,且 $0\leqslant f(x)\leqslant 1$,求 $s=\int_0^1 f(x)\mathrm{d}x$.又设二维随机变量 (X,Y) 服从矩形区域 $[0,1;0,1]$ 上的均匀分布,那么易知 X,Y 均服从区间 $[0,1]$ 上的均匀分布,且 X 和 Y 独立.因为

$$p=P(Y\leqslant f(X))=\int_0^1\int_0^{f(x)}\mathrm{d}y\mathrm{d}x=\int_0^1 f(x)\mathrm{d}x=s,$$

所以,定积分的值 s 就是事件 $A=\{Y\leqslant f(X)\}$ 的概率 p.这样,根据大数定律,我们可以用频率来近似概率.

具体做法如下:先产生 $2n$ 个在 $[0,1]$ 上均匀的随机数 $x_1,x_2,\cdots,x_n,y_1,y_2,\cdots,y_n$;然后对 n 对数据 (x_i,y_i),记录满足 $y_i\leqslant f(x_i)$ 的次数 k;最后得 s 的估计值,即 $s\approx\dfrac{k}{n}$.

注意 为了计算一般的定积分,我们可以这样来解决.设

$$s=\int_a^b f(x)\mathrm{d}x,$$

其中 $f(x)$ 在 $[a,b]$ 有界,不妨设 $L\leqslant f(x)\leqslant M$.令 $x=a+(b-a)y$,则有

$$s=\int_a^b f(x)\mathrm{d}x=\int_0^1 f(a+(b-a)y)(b-a)\mathrm{d}y$$

$$= \int_0^1 (M-L)[f(a+(b-a)y)-L+L]\frac{(b-a)}{M-L}\mathrm{d}y$$

$$= \int_0^1 (M-L)[f(a+(b-a)y)-L]\frac{(b-a)}{M-L}\mathrm{d}y + \int_0^1 L(b-a)\mathrm{d}y$$

$$= (M-L)(b-a)\int_0^1 \frac{f(a+(b-a)y)-L}{M-L}\mathrm{d}y + L(b-a).$$

令 $s_1 = \int_0^1 \frac{f(a+(b-a)y)-L}{M-L}\mathrm{d}y$,我们只需求 s_1 即可.

二、平均值法

同样求积分 $s = \int_a^b f(x)\mathrm{d}x$,但使用平均值法,其中 $f(x)$ 在 $[a,b]$ 上可积. 又设随机变量 X 服从 $[a,b]$ 上的均匀分布,则 X 的函数 $Y=f(X)$ 的数学期望为

$$\mathrm{E}(f(X)) = \frac{1}{b-a}\int_a^b f(x)\mathrm{d}x = \frac{s}{b-a}.$$

所以估计 s 的值就是估计 $f(X)$ 的数学期望的值. 由辛钦大数定律,可以用 $f(X)$ 的观察值的平均值去估计 $f(X)$ 的数学期望.

具体做法如下:先产生 n 个 $[a,b]$ 上均匀的随机数 $x_1,x_2,\cdots,x_n$;然后对每个 x_i 计算 $f(x_i)$;最后可得 s 的估计值,即 $s \approx \frac{b-a}{n}\sum_{i=1}^{n} f(x_i)$.

15.2　实验目的及要求

实验目的　加深对大数定律的理解,学会用 Monte-Carlo 方法近似计算定积分的值.

具体要求　掌握利用随机投点法和平均值法近似计算定积分的方法.

15.3　实验过程

例 15.1(随机投点法)　估计定积分 $J_1 = \int_0^1 \frac{\mathrm{e}^x-1}{\mathrm{e}-1}\mathrm{d}x \left(当 0\leqslant x\leqslant 1 时, 0\leqslant f(x)=\frac{\mathrm{e}^x-1}{\mathrm{e}-1}\leqslant 1\right)$.

解　随机投点法的具体步骤为:

(1) 独立地产生 $2n$ 个服从 $(0,1)$ 上均匀分布的随机数 $x_1,x_2,\cdots,x_n,y_1,y_2,\cdots,y_n$;

(2) 统计 $y_i\leqslant f(x_i)$ 的次数 k, $i=1,2,\cdots,n$;

(3) 用 $\frac{k}{n}$ 来估计 J_1.

利用 Excel 进行估计的过程如下:

(1) 从主菜单中选择【数据】/【数据分析】,在【数据分析】对话框中滚动列表框,选择“随机数发生器”选项,如图 15.1 所示;

(2) 由以上操作可得 1000 对随机数,作变换 $z_i=f(x_i)$,然后进行比较 $y_i\leqslant z_i$,如图 15.2 所示,最后对 D 列进行计数(COUNTIF(D2:D1001,1)),得 $k=424$;

(3) $J_1\approx\frac{k}{n}=0.424$.

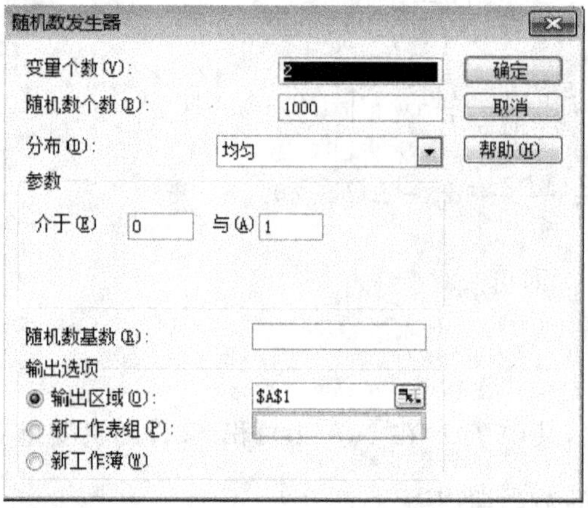

图 15.1 随机数发生器对话框

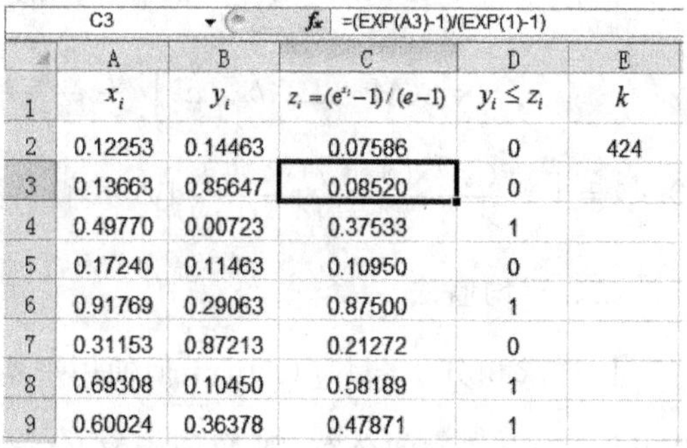

C3 =(EXP(A3)-1)/(EXP(1)-1)

	A	B	C	D	E
1	x_i	y_i	$z_i=(e^{x_i}-1)/(e-1)$	$y_i \le z_i$	k
2	0.12253	0.14463	0.07586	0	424
3	0.13663	0.85647	0.08520	0	
4	0.49770	0.00723	0.37533	1	
5	0.17240	0.11463	0.10950	0	
6	0.91769	0.29063	0.87500	1	
7	0.31153	0.87213	0.21272	0	
8	0.69308	0.10450	0.58189	1	
9	0.60024	0.36378	0.47871	1	

图 15.2 随机投点法的数据结果

例 15.2(随机投点法) 估计定积分 $J_2=\int_{-1}^{1}\mathrm{e}^x\mathrm{d}x$.

解 因为 $J_2=\int_{-1}^{1}\mathrm{e}^x\mathrm{d}x=2(\mathrm{e}-\mathrm{e}^{-1})\int_0^1\frac{\mathrm{e}^{-1+2y}-\mathrm{e}^{-1}}{\mathrm{e}-\mathrm{e}^{-1}}\mathrm{d}y+2\mathrm{e}^{-1}$,所以我们只需估计

$$s_2=\int_0^1\frac{\mathrm{e}^{-1+2y}-\mathrm{e}^{-1}}{\mathrm{e}-\mathrm{e}^{-1}}\mathrm{d}y,$$

重复上面例 15.1 的过程可得 $s_2=0.363$,所以 $J_2=2(\mathrm{e}-\mathrm{e}^{-1})s_2+2\mathrm{e}^{-1}=2.442$.

例 15.3(平均值法) 估计定积分 $J_1=\int_0^1\frac{\mathrm{e}^x-1}{\mathrm{e}-1}\mathrm{d}x\left(\text{当 }0\leqslant x\leqslant 1\text{ 时},0\leqslant f(x)=\frac{\mathrm{e}^x-1}{\mathrm{e}-1}\leqslant 1\right)$.

解 平均值法的具体步骤为:

(1) 独立地产生 n 个服从(0,1)区间上的均匀分布的随机数 $x_1,x_2,\cdots,x_n$;

(2) 计算 $f(x_i),i=1,2,\cdots,n$;

(3) 用 $\frac{1}{n}\sum_{i=1}^{n}f(x_i)$ 来估计 J_1.

利用 Excel 进行估计的过程如下:

从主菜单中选择【数据】/【数据分析】,在【数据分析】对话框中滚动列表框,选择"随机数发生器"选项,产生 1000 个(0,1)区间上的均匀分布的随机数,计算 $f(x_i)$,然后用 AVERAGE 命令求平均值 $\frac{1}{n}\sum_{i=1}^{n}f(x_i)$,得 $J_1\approx 0.4150$,如图 15.3 所示.

例 15.4(平均值法) 估计定积分 $J_2=\int_{-1}^{1}\mathrm{e}^x\mathrm{d}x$.

解 首先产生(−1,1)区间上的均匀随机数,其他过程与例 15.3 类似,如图 15.4 所示,可得 $J_2=[1-(-1)]\times 1.1899=2.3797$.

从上面所做的 1000 次模拟定积分试验的结果中可以看出,用随机投点法估计的定积分 J_1 和 J_2 分别为 0.424,2.442,用平均值法估计的定积分 J_1 和 J_2 分别为 0.415,2.380,而 J_1 和 J_2 的精确值分别为 0.418,2.350,这样,平均值法估计的定积分值比随机投点法估计的定积分值精度高.

C2	f_x =AVERAGE(B2:B1001)	
	A	B	C

	A	B	C
1	x_i	$f(x_i)=(e^{x_i}-1)/(e-1)$	$\frac{1}{n}\sum_{i=1}^{n} f(x_i)$
2	0.75106	0.651375	0.41495
3	0.57811	0.455496	
4	0.23954	0.157520	
5	0.25666	0.170290	
6	0.41353	0.298053	
7	0.18088	0.115392	
8	0.07660	0.046332	
9	0.56133	0.438227	

图 15.3　平均值法的数据结果

D2　f_x =2*C2

	A	B	C	D
1	x_i	$f(x_i)=e^{x_i}$	$\frac{1}{n}\sum_{i=1}^{n} f(x_i)$	J_2
2	0.2828	1.3269	1.1899	2.3797
3	-0.7729	0.4617		
4	0.3092	1.3624		
5	-0.9488	0.3872		
6	0.6596	1.9340		
7	-0.0681	0.9341		
8	0.0212	1.0214		
9	0.4401	1.5529		

图 15.4　平均值法的数据结果

15.4　讨论

上述两种算法也适用于多重积分，不会发生原则性的困难，这正是 Monte-Carlo 方法的优点. 我们只简单地叙述一下平均值法.

若 $g(x)$ 是 m 元函数，它在 $\mathbf{R}^m$ 中有限闭区域 D 上可积，估计积分 $J=\int\cdots\int_D g(x_1,x_2,\cdots x_m)\mathrm{d}x_1\mathrm{d}x_2\cdots\mathrm{d}x_m$. 设 $(X_1,\cdots,X_n)$ 服从区域 D 上的均匀分布，D 的 m 维体积记为 $|D|$，则

$$\mathrm{E}(g(X_1,X_2,\cdots,X_m))=\frac{1}{|D|}\int\cdots\int_D g(x_1,x_2,\cdots,x_m)\mathrm{d}x_1\mathrm{d}x_2\cdots\mathrm{d}x_m.$$

根据此式，我们产生 n 个 D 上的 m 维均匀分布的随机数 $x_{i1},x_{i2},\cdots,x_{im},i=1,\cdots,n$，计算函数值 $g(x_{i1},x_{i2},\cdots,x_{im})$，再用平均值

$$\hat{J}=\frac{|D|}{n}\sum_{i=1}^{n}g(x_{i1},x_{i2},\cdots,x_{im})$$

近似积分值 J.

另外，从以上我们可以看出，估计一个参数可能有多种方法，它们的结果可能都不同，哪一种方法好，这是值得研究的问题.

实验十六　高尔顿钉板试验及其在 Excel 中的实现

16.1　实验原理

高尔顿钉板试验是英国统计学家高尔顿设计的用来验证中心极限定理的著名试验. 如图 16.1 所示，这个试验是在一块垂直放置的木板上钉上一排排互相平行且水平间隔相等的 n 排钉子，第一排 1 颗，第二排 2 颗，……，第 n 排 n 颗，下一排中各个钉子正好对准上面一排两相邻的钉子的正中央.

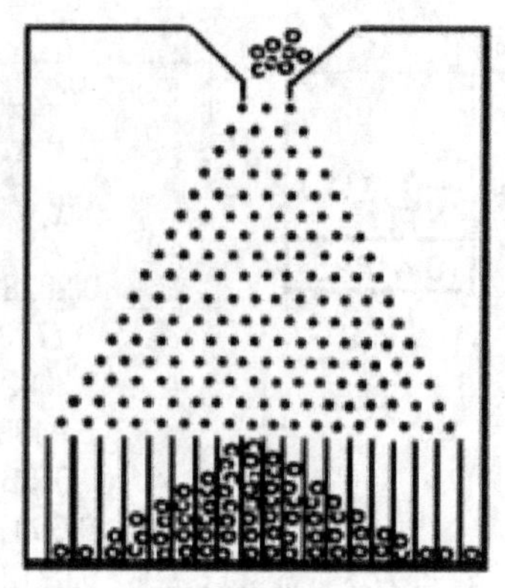

图 16.1 高尔顿钉板示意图

从入口处(第一排钉子的正上方)放入一个直径略小于两颗钉子间隔的小球,小球碰到第一排的这颗钉子后,等可能地从其左边或者右边落下,接着小球会碰到第二排的钉子,再等可能地从其左边或者右边落下.在不断下落的过程中,小球会碰到每一排钉子中的某颗钉子,并且从其左边落下与从其右边落下的机会相等,碰到下一排钉子时也是如此,小球这样不断下落,最后落入放置在木板最下方的一排格子内.因此,任意从第一排钉子的正上方放下一个小球,那么此小球最后落入最下方的哪一个格子内是事先无法确定的.

独立地重复本试验 N 次(N 充分大),则试验结果表明:最后堆积在下方格子中小球的轮廓线形状总是近似于正态分布密度曲线.这就是独立同分布中心极限定理的一个直观形象的诠释,即独立同分布(这里为 $p=0.5$ 的两点分布)随机变量和的极限分布近似于正态分布.下面主要讨论如何在 Excel 中对高尔顿钉板试验进行模拟并在独立情形下将高尔顿钉板试验推广到二维情形.

16.2 实验目的及要求

实验目的 掌握高尔顿钉板试验的设计原理,加深对独立同分布中心极限定理的理解.

具体要求 学会利用 Excel 中的随机数发生器、随机数函数命令、条件语句、模拟运算表和柱形图等来模拟演示高尔顿钉板试验.

16.3 实验过程

一、一维高尔顿钉板试验的设计原理及模拟

1. 设计原理

本实验在 Excel 中用伯努利随机数(即 0-1 随机数)和条件语句来模拟高尔顿钉板试验.用单元格表示小球可能下落经过的位置,如果单元格内的数字为 1,则表示小球落经此单元格;如果单元格内的数字为 0,则表示小球没有落经此单元格.因此小球下落的轨迹可以用类似于图 16.2 中的一串数字“1”来表示.每放下一个小球,其下落的轨迹都在随机地发生变化.

	A	B	C	D	E	F	G	H	I	J	K	L	M	N
1								1						
2							0		1					
3						0		1		0				
4					0		0		1		0			
5				0		0		0		1		0		
6			0		0		0		1		0		0	
7		0		0		0		1		0		0		0

图 16.2　小球下落的轨迹

为叙述明确起见，我们用(i,j)来表示 Excel 中，位于第 i 行，第 j 列的单元格. 再令

$$X_{ij}=\begin{cases}1, & \text{小球落经单元格}(i,j),\\ 0, & \text{小球未落经单元格}(i,j),\end{cases}$$

其中 $i,j=1,2,\cdots,n$.

首先对小球下落过程中，穿过前三行(或称前三排)钉子时相应单元格的取值进行分析：

第一行：假设小球首先从单元格$(1,k)$处下落，则有 $X_{1k}=1$. 事实上，其后的每一个小球都从此单元格放下，因此 X_{1k} 总是取值 1.

第二行：小球可能落经第 2 行两个单元格之一：

$$(2,k-1)\quad \text{或}\quad (2,k+1).$$

小球落经哪个单元格，取决于从第 1 行下落的小球是从$(1,k)$的左方落下还是从其向右方落下. 由于向左或向右是随机的，等可能的，所以我们可在单元格$(2,k-1)$处利用 Excel 随机数函数以概率 0.5 产生一个 0-1 随机数 $X_{2,k-1}$，即 $X_{2,k-1}$ 取 0 或 1 的概率都是 0.5，注意，$X_{2,k-1}$ 和 $X_{2,k+1}$ 分别位于“钉子 $X_{1,k}$”的左下侧和右下侧，因此有 $X_{2,k+1}=1-X_{2,k-1}$. 在单元格$(2,k-1)$中产生 0-1 随机数的公式为

$$X_{2,k-1}\text{“= RANDBETWEEN(0,1)”}.$$

Excel 中函数 RANDBETWEEN(m,n)等可能地返回 m 与 n 这两个整数之间的任意一个整数.

第三行：小球可能落经三个单元格之一：

$$(3,k-2),\quad (3,k)\quad \text{或}\quad (3,k+2).$$

小球落经哪个单元格，取决于小球在第二行时落经哪个单元格以及是从其左方落下还是从其右方落下. 下面对这三个单元格可能的取值依次进行分析：

(1) 小球要落经$(3,k-2)$，前提只可能为小球落经$(2,k-1)$处并从其左方落下；

(2) 小球要落经$(3,k)$，有两种情况：一是小球落经$(2,k-1)$处并从其右方落下，二是小球落经$(2,k+1)$处并从其左方落下；

(3) 小球要落经$(3,k+2)$，前提只能为小球落经$(2,k+1)$处并从其右方落下.

综合以上分析，可知这三个单元格中产生随机数的命令分别应该为：

$X_{3,k-2}$“= IF($X_{2,k-1}$ = 1,RANDBETWEEN(0,1),0)”;

$X_{3,k}$“= IF($X_{2,k-1}$ = 1,IF($X_{3,k-2}$ = 1,0,1),

IF($X_{2,k+1}$ = 1,RANDBETWEEN(0,1),0))”;

$X_{3,k+2}$“= IF($X_{2,k+1}$ = 1,IF($X_{3,k}$ = 1,0,1),0)”.

按照上面的规律依次进行下去，我们可以写出小球在落经任何一行时，该行单元格中的公式的具体形式. 当小球下落落经第 n 行时，我们可以用下面的 Excel 函数命令和条件语句确定第 n 行中的 n 个单元格中的公式如下：

(1) 当 $j=k-(n-1)$ 时，有

$$X_{n,j}\text{“}= \mathrm{IF}(X_{n-1,j-1} = 1,\mathrm{RANDBETWEEN}(0,1),0)\text{”};$$

(2) 当 $k-(n-3)\leqslant j\leqslant k+(n-3)$ 时，有

$$X_{n,j}\text{“}= \mathrm{IF}(X_{n-1,j-1} = 1,\mathrm{IF}(X_{n,j-2} = 1,0,1),\ \mathrm{IF}(X_{n-1,j+1} = 1,\mathrm{RANDBETWEEN}(0,1),0))\text{”};$$

(3) 当 $j=k+(n-1)$ 时，有

$$X_{n,j}\text{“}= \mathrm{IF}(X_{n-1,j-1} = 1,\mathrm{IF}(X_{n,j-2} = 1,0,1),0)\text{”},$$

其中 j 表示列数，$k\geqslant n$.

通过上面的算法，我们可以确定一个小球从第一行钉子上方落下(相当于从上面的单元格 $(1,k)$ 处落下)，连续地逐次与各行中的某颗钉子发生碰撞，直到与第 $n-1$ 行钉子中的某颗钉子碰撞后下落，再碰到第 n 行钉子中的某颗，该颗钉子所在的单元格可看成是小球下落的最终位置，即上面所说的小球最终落入的那一排格子. 由于在一次实验中，小球最后只能落入一个单元格内，所以在第 n 行钉子所在的 n 个单元格中，有 $n-1$ 个数字是 0，只有一个数字是 1，而数字 1 所在的单元格就是小球最终落入的格子.

为了记录这次试验的结果，并用模拟运算表独立地重复模拟这个试验，我们需在第 n 行单元格(如图 16.3 中的 B7:N7)之下再另取一行单元格(如图 16.3 中的 B10:N10)来重新记录一次上述试验结果，即有公式

B10“= B7”，　D10“= D7”，　…，　N10“= N7”.

为了独立地重复模拟这个试验，我们需要借助 Excel 中的模拟运算表. 模拟运算表是一个单元格区域，它可显示一个或多个公式中替换不同值时的结果. 有两种类型的模拟运算表：单输入模拟运算表和双输入模拟运算表. 单输入模拟运算表中，用户可以对一个变量键入不同的值，从而查看它对一个或多个公式的影响. 双输入模拟运算表中，用户可以对两个变量输入不同的值，从而查看它对同一个公式的影响.

本试验是从第一行钉子上方放下一个小球开始的，也相当于从单元格 $(1,k)$ 中生成一个数字 1 开始的，其后小球的下落过程会自动完成. 所以只要在单元格 $(1,k)$ 中连续地生成数字 1，就可不断地重复这个试验. 设模拟 100 次小球下落过程，用图 16.3 来说明，那么 $(1,k)$ 相当于单元格 H1，在 H1 中需要不断生成 100 个“1”，这 100 个“1”被放置在单元格区域 A11:A110 中以便进行模拟运算. 为节省篇幅，图 16.3 对第 13 行至第 107 行单元格作了隐藏. 在具体模拟运算时，将单元格 H1 要引用列的单元格区域取为 A11:A110，就可以按照第一次得到 B10:N10 中 0-1 随机数的方法独立重复地模拟小球下落过程 100 次，这 100 次模拟试验的结果分别由单元格区域 B11:N110 中的 100 行 0-1 随机数所给出.

最后，我们可用求和函数 SUM 把这 100 行 0-1 随机数按列相加，统计出 100 次模拟试验后最后一行每一个格子内所容纳的小球的个数，即图 16.4 中单元格 Q2，R2，…，W2 中的数值，并绘出柱形图.

2. 模拟试验结果

下图 16.3 是在 Excel 中模拟 100 次高尔顿钉板试验的结果,这里钉子设计了 7 行.

	A	B	C	D	E	F	G	H	I	J	K	L	M	N
1								1						
2							0		1					
3						0		0		1				
4					0		0		0		1			
5				0		0		0		0		1		
6			0		0		0		0		1		0	
7		0		0		0		0		0		1		0
8		↓		↓		↓		↓		↓		↓		↓
9	格子编号	①		②		③		④		⑤		⑥		⑦
10	逐次重复	0		0		0		0		0		1		0
11	1	0		0		1		0		0		0		0
12	1	0		0		1		0		0		0		0
108	1	0		1		0		0		0		0		0
109	1	0		0		0		1		0		0		0
110	1	0		0		1		0		0		0		0

图 16.3　100 个小球,7 行钉子的高尔顿钉板试验结果

对图 16.3 表格中的部分公式的说明:

G2"= RANDBETWEEN(0,1)"; I2"=1-G2";

……

G4"=IF(F3=1,IF(E4=1,0,1),IF(H3=1,RANDBETWEEN(0,1),0))";

……

B10"=B7",　D10"=D7",　…,　N10"=N7".

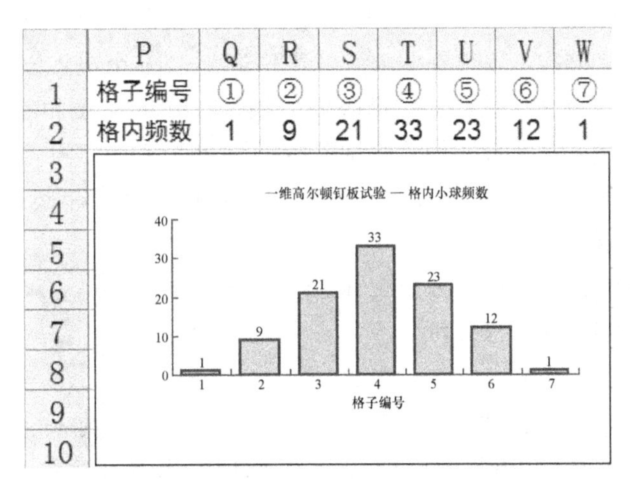

	P	Q	R	S	T	U	V	W
1	格子编号	①	②	③	④	⑤	⑥	⑦
2	格内频数	1	9	21	33	23	12	1

图 16.4　频数表和柱形图

对图 16.4 表格中的部分公式的说明:

Q2"=SUM(B11:B110)",　R2"=SUM(D11:D110)",　…,　W2"=SUM(N11:N110)".

其中 B,D,…,W 列中的数据见图 16.3.

3. 试验结果分析

从上面所做的100次模拟高尔顿钉板试验的结果中，可以看出，所得到的频率柱形图的轮廓线大致为中间高、两边低且呈轴对称的倒钟形曲线，接近于正态分布的密度函数曲线. 注意，这里只设计了7行钉子，试验次数也只有100次，就大致呈现出了高尔顿钉板试验的效果，即独立同分布随机变量序列和的极限分布近似于正态分布，这就通过模拟试验验证了独立同分布情形下的中心极限定理. 当钉子的行数和试验次数越来越大，这样的近似程度就会越来越高，高尔顿钉板试验的效果将会更加明显.

上面的模拟试验还有一个突出的优点：可以进行动态演示. 由于上述试验基于随机数的产生，在Excel中，只要按一次F9键，试验就会重复进行一次，同时图16.2及图16.3中的那一列"1"还会随之变化，显示出小球下落的轨迹，另外，频率柱形图也会同时随之发生相应变化. 这一点对中心极限定理的教学和动态演示特别有用.

二、二维高尔顿钉板试验的设计原理及模拟

1. 设计原理

上面讨论的高尔顿钉板试验可以理解为一维高尔顿钉板试验，它实际上是一个小球在一个垂直平面上下落的情形. 我们现在把这个实验推广到二维情形：让一个小球从空间某处自由下落，穿过其下方一层一层的网格线，每一层网格线由距离相等并且垂直相交的两组平行线构成. 下一层网格线的交叉点总是对准其上一层网格线的格子中点，小球每次碰到上一层格子交叉点后，等可能地从以这个交叉点为公共点的四个格子之一落下，再碰到下一层网格中对准此格子中点的一个交叉点，然后随机地从以这个交叉点为公共点的四个格子之一落下，如此等等. 最后小球落入置放在最后一层网格线下方的$n\times n$个小正方形格子中的某一个格内. 独立重复地做N次这样的实验，可以想象小球将在最下方的$n\times n$个小正方形格子中堆积成一个"小山头"，中间高，周围逐渐变低，呈中心轴对称，形状接近于一个倒扣的古钟.

我们可以类似于上述一维高尔顿钉板试验，在Excel中对这样的二维高尔顿钉板试验进行模拟. 实验的原理是类似的，但相应的Excel命令较为复杂. 为简单起见，我们只考虑独立情形下的二维高尔顿钉板实验.

设二维随机变量(X,Y)的两个分量X,Y相互独立，取值为(x_i,y_j)，$i,j=1,2,\cdots,n$，由X，Y的独立性可得(X,Y)的联合分布列为

$$p_{ij}=P(X=x_i,Y=y_j)=P(X=x_i)P(Y=y_j),\quad i,j=1,2,\cdots,n.$$

把上面的一维高尔顿钉板试验独立重复地做两个，用x_i表示前一个高尔顿钉板试验中最后落入第i个格子中的小球个数，$i=1,2,\cdots,n$；同理，用y_j来表示后一个高尔顿钉板试验中最后落入第j个格子中的小球个数，$j=1,2,\cdots,n$. 见图16.5中单元格区域B112:N112和Q112:AC112中的数值. 由大数定律知

$$P(X=x_i)\approx n_i/N(\text{即频数 / 试验次数}),$$

同理，

$$P(Y=y_j)\approx n_j/N.$$

故有

$$p_{ij} \approx (n_i/N)(n_j/N) \approx (n_i n_j/N^2).$$

图 16.7 中给出了 $n_i n_j/N^2$ 的模拟值，并据此做出了三维柱形图，其中 $N=100$.

2. 模拟试验结果

下面模拟的是 100 个小球落在一个 7×7 的平面单元格区域内的二维高尔顿钉板试验.

首先按上述方法，独立地做两个一维高尔顿钉板试验，并计算分别落入 7 个格子中小球的频数，见图 16.5 中单元格区域 B112:N112 和 Q112:AC112 中的数值.

	A	B	C	D	E	F	G	H	I	J	K	L	M	N
1		一维高尔顿钉板试验(1)												
2								1						
3							0		1					
4						0		1		0				
5					0		0		1		0			
6				0		0		0		1		0		
7			0		0		0		1		0		0	
8		0		0		0		0		1		0		0
9		↓		↓		↓		↓		↓		↓		↓
10	格号	①		②		③		④		⑤		⑥		⑦
11	结果	0		0		0		0		1		0		0
112	频数	1		8		22		29		24		13		3

	O	P	Q	R	S	T	U	V	W	X	Y	Z	AA	AB	AC
1			一维高尔顿钉板试验(2)												
2									1						
3								1		0					
4							0		1		0				
5						0		0		1		0			
6					0		0		0		1		0		
7				0		0		0		1		0		0	
8			0		0		0		0		1		0		0
9			↓		↓		↓		↓		↓		↓		↓
10		格号	①		②		③		④		⑤		⑥		⑦
11		结果	0		0		0		0		1		0		0
112		频数	4		6		23		36		24		6		1

图 16.5　两个一维的高尔顿钉板实验

其次，利用两个一维高尔顿钉板实验数据绘出频数柱形图，见图 16.6.

AE	AF	AG	AH	AI	AJ	AK	AL
试验(1)							
格子编号	1	2	3	4	5	6	7
格内频数	1	8	22	29	24	13	3

AN	AO	AP	AQ	AR	AS	AT	AU
试验(2)							
格子编号	①	②	③	④	⑤	⑥	⑦
格内频数	4	6	23	36	24	6	1

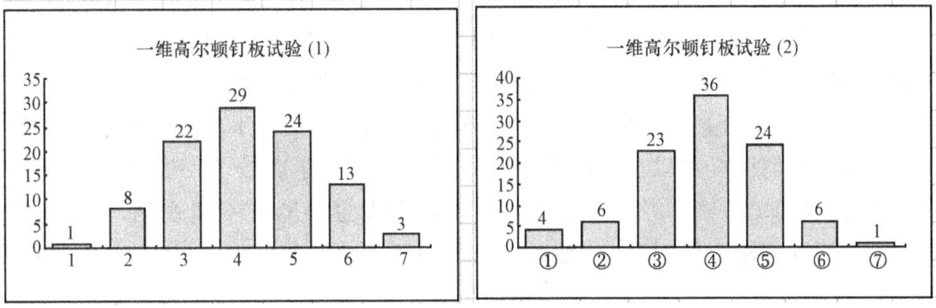

图 16.6　频数表和柱形图

最后，利用独立性，给出二维联合分布列，并绘出三维立体柱形图，见图 16.7.

对图 16.7 表格中部分公式的说明(参见图 16.5)：

AX2"=B112"，　AY2"=D112"，　…，　BD2"=N112"，　AW3"=Q112"，

AW4"=S112"，　…，　AW9"=AC112"，　…，　AY4"≈AW4 * AY2/10000=0.0048"，　….

	AV	AW	AX	AY	AZ	BA	BB	BC	BD
1		(1)格号	1	2	3	4	5	6	7
2	(2)格号	频数或频率	1	8	22	29	24	13	3
3	①	4	0.00	0.00	0.01	0.01	0.01	0.01	0.00
4	②	6	0.00	0.00	0.01	0.02	0.01	0.01	0.00
5	③	23	0.00	0.02	0.05	0.07	0.06	0.03	0.01
6	④	36	0.00	0.03	0.08	0.10	0.09	0.05	0.01
7	⑤	24	0.00	0.02	0.05	0.07	0.06	0.03	0.01
8	⑥	6	0.00	0.00	0.01	0.02	0.01	0.01	0.00
9	⑦	1	0.00	0.00	0.00	0.00	0.00	0.00	0.00

10 11 112 113 114 115 116 117 118 119 120 121 122

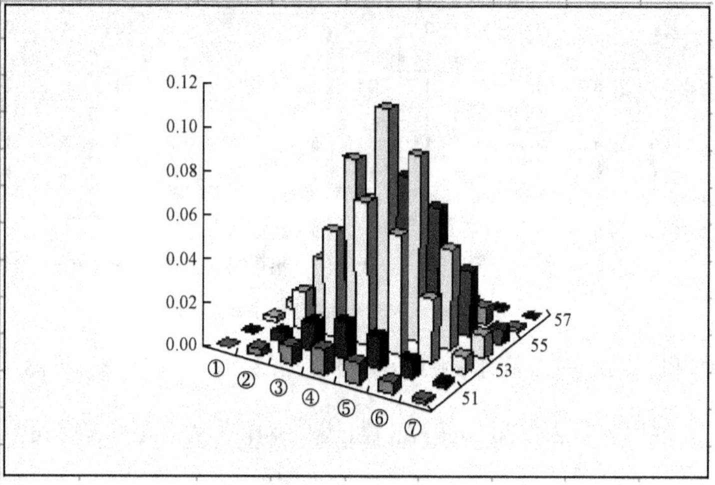

图 16.7 二维高尔顿钉板试验的联合概率图

3. 试验结果分析

在独立情形下,我们将一维高尔顿钉板试验推广到了二维情形.通过对二维高尔顿钉板试验数据模拟结果以及柱形图的观察,可发现该三维柱形图的轮廓曲面接近于二维正态分布的联合密度的图形.理论上也可证明,在独立同分布条件下,二维情形下的中心极限定理仍然成立.

另外,二维情形也同样可以进行动态演示,在 Excel 中,逐次按 F9 键,即可不断地实现二维高尔顿钉板试验的动态演示,图 16.7 中的三维柱形图也会随之不断变化,但其轮廓面总是近似于中间高,周围逐渐变低,呈中心轴对称的倒扣的古钟形状.

16.4 讨论

我们知道,Excel 几乎是每一台计算机的必装软件,接触过计算机的人对它都有或多或少的了解,目前不管是大学概率统计教学还是中学的新课改教学内容,都会涉及高尔顿钉板试验的模拟.对高尔顿钉板试验的模拟并不是那么容易的,要么需要使用复杂的软件,要么要进行复杂的编程.而使用大众化的统计软件 Excel 来完成对高尔顿钉板试验的模拟就显得很有理论意义和实用价值.

本实验所介绍的方法并不复杂,人人都可以做,还可以进行推广.对二维高尔顿钉板试验的模拟从独立情形推广到非独立情形,可以想象,这时情况会比较复杂,感兴趣的读者可进行更深一步的讨论.

实验十七 样本均值的抽样分布模拟

17.1 实验原理

样本均值 $\overline{X}=\frac{1}{n}\sum_{i=1}^{n}X_i$ 和修正样本方差 $S^2=\frac{1}{n-1}\sum_{i=1}^{n}(X_i-\overline{X})^2$ 是最常用的统计量.关于 $\overline{X}$ 的抽样分布,有如下重要结论:

定理 17.1 设 $X_1,X_2,\cdots,X_n$ 是来自总体 X 的简单随机样本,$\overline{X}$ 为样本均值.

(1) 若总体 X 的分布为 $N(\mu,\sigma^2)$,则 $\overline{X}$ 的精确分布为 $N(\mu,\sigma^2/n)$;

(2) 若总体 X 的分布未知或者不服从正态分布,但 $\mathrm{E}(X)=\mu,\mathrm{Var}(X)=\sigma^2$,则当 n 充分大时,$\overline{X}$ 的渐进分布也近似为 $N(\mu,\sigma^2/n)$.

该定理利用样本的独立性和中心极限定理容易证明.定理结论告诉我们,不管样本是否来自正态总体,只要样本容量 n 充分大,则 $\overline{X}$ 的分布就为(或近似为) $N(\mu,\sigma^2/n)$.说明样本均值的期望等于总体均值,而样本均值的方差 $\mathrm{Var}(\overline{X})$ 仅为总体方差 σ^2 的 $1/n$.或者说,总体标准差 σ 是样本均值标准差 $\sqrt{\mathrm{Var}(\overline{X})}$ 的 $\sqrt{n}$ 倍,即 $\sigma=\sqrt{n\mathrm{Var}(\overline{X})}$,故均值运算能有效降低数据的波动误差.再注意 $\mathrm{E}(S_{\overline{X}}^2)=\mathrm{Var}(\overline{X})$,这里 $S_{\overline{X}}^2$ 为样本均值的修正样本方差,参见例 17.1.于是近似有 $\sigma\approx\sqrt{n}S_{\overline{X}}$.

17.2 实验目的及要求

实验目的 通过实验模拟验证上述定理的结论.

具体要求 从正态总体中抽取多份简单随机样本,计算每份样本的均值,考查样本均值的分布特征并用柱形图和折线图进行比较.对非正态总体情形可作类似分析,留作讨论题.

17.3 实验过程

例 17.1 产生 1000 份容量为 9 的服从正态分布 $N(6,\sigma^2)$ 的随机样本,计算每份样本的均值 $\overline{X}_i(i=1,2,\cdots,1000)$,再计算这 1000 个样本均值的均值 $\overline{X}$ 和样本均值的标准差 $S_{\overline{X}}$.在总体方差 $\sigma=1$ 和 $\sigma=4$ 两种情形下比较总体分布和样本均值 $\overline{X}$ 分布的差异,并用柱形图和折线图进行比较.

解 如图 17.1 所示.先在单元格 B3 内输入动态随机数命令"=NORMINV(RAND( ), \$C\$1, \$E\$1)",然后将此公式拖放填充至 J1002,就可以在单元格区域 B3:J1002 中生成 1000 份容量均为 9 的服从正态分布 $N(6,16)$ 的随机样本,每一行(如 B2:J2)就是一份随机样本.接着在单元格 K3 内输入函数命令"=AVERAGE(B2:J2)"计算出该份样本的均值,再将其拖放填充至 K1002,就计算出了这 1000 份样本的均值,它们所在的单元格区域为 K3:K1002.然后在单元格 L3 内输入函数命令"=AVERAGE(\$K\$3: \$K\$1002)"计算出这 1000 个样本均值的均值 $\overline{X}=5.999$,这个值非常接近于总体均值 6;在单元格 M3 内输入函数命令"=STDEV(\$K\$3: \$K\$1002)"计算出这 1000 个样本均值的标准差 $S_{\overline{X}}=1.313$,这个值近似等于总体标准差 $\sigma=4$ 的 $1/\sqrt{n}=1/\sqrt{9}=1/3$,即有 $\sqrt{9}S_{\overline{X}}=3.938\approx4=\sigma$.这就验证了定理 17.1 的结论.

M11　　f_x {=FREQUENCY($K$3:$K$1002,L11:L35)}

	A	B	C	D	E	F	G	H	I	J	K	L	M	N	O	P
1	正态总体	总体均值 μ	6	总体标准差 σ	4		样本容量 n	9								
2	序号 i	X_{i1}	X_{i2}	X_{i3}	X_{i4}	X_{i5}	X_{i6}	X_{i7}	X_{i8}	X_{i9}	样本均值	样本均值的均值 $\bar{X}$	样本均值的标准差 $S_{\bar{X}}$	$\sqrt{n}S_{\bar{X}}\approx\sigma$		
3	1	8.668	3.505	8.403	13.774	6.020	3.384	6.789	8.900	5.826	7.252	5.999	1.313	3.938		
4	2	2.920	6.479	12.376	6.471	0.367	-5.615	9.004	4.544	[illegible]	[illegible]					
5	3	13.511	6.3	[illegible]	[illegible]	[illegible]	4.194	13.076	7.596	[illegible]	[illegible]					
6	4	3.977	3.771	4.635	3.647	1.577	0.975	2.243	6.042	6.83	[illegible]					
7	5	5.828	11.239	6.250	5.241	6.775	7.159	8.257	0.713	6.190	6.406					
8	6	1.735	2.131	6.403	10.577	4.678	6.625	12.613	6.273	9.928	6.774					
9	7	3.543	6.899	12.828	11.281	3.418	4.241	10.660	14.097	3.697	7.852					
10	8	4.169	8.083	5.834	-0.125	9.369	5.016	1.751	13.747	0.999	5.427	区间	频数	频率	N(6,1)	N(6,16)
11	9	10.785	10.338	1.112	6.512	1.709	-4.997	8.989	2.085	-1.673	3.873	0.0	0	0.000	0.000	0.032
12	10	5.169	1.904	0.768	6.887	7.470	13.506	3.030	6.701	12.648	6.454	0.5	0	0.000	0.000	0.039
13	11	10.272	5.011	-0.277	10.530	9.942	4.393	7.038	-0.598	11.287	6.400	1.0	0	0.000	0.000	0.046
14	12	-0.376	4.162	6.033	6.765	5.396	8.594	6.003	3.793	8.710	5.453	1.5	0	0.000	0.000	0.053
15	13	5.685	4.923	4.340	2.053	6.511	-0.604	5.826	4.782	12.382	5.100	2.0	0	0.000	0.000	0.060
16	14	2.255	1.699	8.944	1.307	15.470	4.903	0.059	7.100	5.423	5.240	2.5	2	0.002	0.001	0.068
17	15	11.577	7.449	2.950	3.759	1.838	5.069	2.300	8.985	2.653	5.176	3.0	10	0.010	0.004	0.075
18	16	5.423	3.431	6.899	9.801	14.143	12.799	2.700	0.899	9.209	7.256	3.5	13	0.013	0.018	0.082
19	17	5.439	3.788	0.682	9.358	9.493	5.816	-0.569	7.354	10.308	5.741	4.0	44	0.044	0.054	0.088
20	18	9.789	8.254	5.898	-0.388	5.050	5.603	1.059	8.352	9.964	5.953	4.5	57	0.057	0.130	0.093
21	19	7.802	-0.763	6.355	3.931	6.231	6.687	9.517	-1.460	10.111	5.379	5.0	96	0.096	0.242	0.097
22	20	6.589	2.710	11.272	3.026	10.240	6.547	-2.707	-5.309	7.300	4.407	5.5	129	0.129	0.352	0.099
23	21	1.890	7.616	7.942	8.671	5.309	2.862	8.464	1.863	12.072	6.299	6.0	153	0.153	0.399	0.100
24	22	12.458	9.827	4.192	7.302	2.889	6.152	2.842	7.273	4.551	6.387	6.5	143	0.143	0.352	0.099
25	23	12.986	9.297	12.263	6.564	2.315	9.800	2.697	6.099	7.469	7.721	7.0	131	0.131	0.242	0.097
26	24	7.750	1.747	3.204	8.979	-2.765	4.237	3.703	11.167	8.358	5.153	7.5	95	0.095	0.130	0.093
27	25	7.388	9.858	6.214	4.222	7.398	3.594	4.055	1.918	-2.651	4.666	8.0	70	0.070	0.054	0.088
28	26	2.031	6.101	11.938	7.675	4.457	4.032	4.968	7.793	11.256	6.695	8.5	30	0.030	0.018	0.082
29	27	9.591	8.508	6.603	6.047	4.860	-0.153	8.092	9.530	7.661	6.749	9.0	14	0.014	0.004	0.075
30	28	10.630	5.748	3.264	3.828	1.394	4.453	5.080	2.801	7.251	4.939	9.5	7	0.007	0.001	0.068
31	29	12.413	10.685	3.205	7.072	3.623	2.160	7.696	5.573	2.868	6.144	10.0	5	0.005	0.000	0.060
32	30	5.670	9.211	9.126	5.576	3.516	1.685	5.164	1.862	3.001	4.979	10.5	0	0.000	0.000	0.053
33	31	-0.804	3.966	7.241	0.702	3.801	8.360	11.546	4.213	3.829	4.762	11.0	0	0.000	0.000	0.046
34	32	6.609	0.506	10.193	7.318	7.761	1.054	1.824	3.528	8.440	5.248	11.5	1	0.001	0.000	0.039
35	33	4.246	5.329	11.216	3.365	-1.500	7.220	5.146	7.185	15.158	6.374	12.0	0	0.000	0.000	0.032

=NORMINV(RAND(),$C$1,$E$1)
=AVERAGE(B2:J2)
=AVERAGE($K$3:$K$1002)
=STDEV($K$3:K$1002)
=SQRT(H1)*M3
=NORMDIST($L11,6,1,0)
=NORMDIST($L11,6,4,0)

图 17.1　1000 份容量为 9 的正态总体 $N(6,16)$ 样本均值的均值、标准差、频数和频率

为了从图形上获得直观认识，我们在单元格区域 L11：L35 中以间隔为 0.5 输入区间分点：0，0.5，1，…，12. 然后选取单元格区域 M11：M35，再在编辑栏中输入公式"＝FREQENCY($K$3：$K$1002，L11：L35)"，按 Ctrl＋Shift＋Enter 组合键（这是数组命令，不能仅按 Enter 键），得到单元格区域 M11：M35 中的频数计算结果，如图 17.1 所示. 再以这组频数（即 M11：M35 中的频数）为数据系列，以 L11：L35 为水平（分类）轴标签作柱形图，其轮廓线显然很近似于正态分布的密度曲线，如图 17.2 左图所示. 若将每个小区间内的频数均除以 1000，可得到每个小区间内的频率（即 N11：N35 中的频率）. 再以 L11：L35 和 N11：N35 中的数据作频率散点图，并与 $N(6,16)$ 的密度曲线进行比较，可以看出，该频率散点图比 $N(6,16)$ 密度曲线的分布要更集中、陡峭. 两者关系是：样本均值的方差 $\mathrm{Var}(\bar{X})\approx S_{\bar{X}}^2$ 仅为总体方差 $\sigma^2=4^2=16$ 的 1/9，或者说，样本均值的标准差 $\sqrt{\mathrm{Var}(\bar{X})}\approx S_{\bar{X}}$ 仅为总体标准差 $\sigma=4$ 的 1/3. 见图 17.1 中单元格 N3 和 E1 中的值，它们近似有关系式 $\sqrt{9}S_{\bar{X}}=3\times1.313=3.938\approx4=\sigma$. 参见图 17.2 右图.

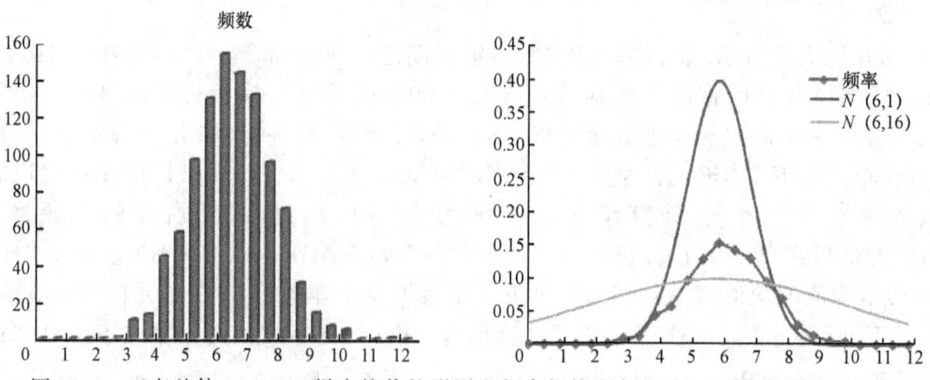

图 17.2　正态总体 $N(6,16)$ 样本均值柱形图和频率折线图与 $N(6,16)$ 密度曲线的比较

类似考虑总体为 $N(6,1)$ 的情形. 将总体标准差 σ(即 E1 中的值)改为 1(注:图 17.3 和图17.1 中均设置了滚动条对 E1 进行控制). 同上讨论,用动态随机数命令"=NORMINV(RAND( ),$C$1,$E$1)"在单元格区域 B3:J1002 中生成 1000 份容量均为 9 的 $N(6,1)$ 随机样本,在单元格区域 K3:K1002 内计算出相应的 1000 个样本均值. 然后在单元格 L3 内用均值函数计算出这 1000 个样本均值的均值 $\overline{X}=5.996$,这个值非常接近于总体均值 6;在单元格 M3 内计算出这 1000 个样本均值的标准差 $S_{\overline{X}}=0.336$,这个值近似等于总体标准差 $\sigma=1$ 的 $1/\sqrt{n}=1/\sqrt{9}=1/3$,即有 $3S_{\overline{X}}=1.009\approx1=\sigma$. 这也验证了 $\sigma=1$ 时定理 17.1 的结论.

M11　　f_x {=FREQUENCY($K$3:$K$1002,L11:L35)}

	A	B	C	D	E	F	G	H	I	J	K	L	M	N	O	P
1	正态总体	总体均值 μ	6	总体标准差 σ	1		样本容量 n	9								
2	序号 i	X_{i1}	X_{i2}	X_{i3}	X_{i4}	X_{i5}	X_{i6}	X_{i7}	X_{i8}	X_{i9}	样本均值	样本均值的均值 $\overline{X}$	样本均值的标准差 $S_{\overline{X}}$	$\sqrt{n}S_{\overline{X}}\approx\sigma$		
3	1	7.469	4.707	4.586	5.637	6.460	5.222	7.738	5.552	7.352	6.080	5.996	0.336	1.009		
4	2	5.142	6.557	6.198	3.993	6.486	6.336	6.214	6.200	[illegible]	[illegible]					
5	3	5.930	5.0	[illegible]	[illegible]	[illegible]	6.601	7.003	6.162	[illegible]	[illegible]					
6	4	5.124	7.505	7.114	5.466	5.064	6.514	6.959	4.940	7.91	[illegible]					
7	5	6.953	5.015	7.424	5.256	5.995	6.690	6.164	6.415	5.259	6.130					
8	6	4.932	6.359	6.469	6.258	6.363	5.032	7.825	3.718	5.264	5.802					
9	7	6.844	5.190	7.083	5.321	5.908	7.149	6.955	5.610	5.547	6.179					
10	8	7.782	5.996	6.801	7.149	6.138	3.568	6.787	5.700	5.340	6.140	区间	频数	频率	N(6,1)	N(6,16)
11	9	4.256	6.239	6.374	4.755	4.351	6.926	5.308	5.721	8.403	5.815	0.0	0	0.000	0.000	0.032
12	10	4.892	5.755	6.301	6.721	5.924	5.825	6.157	7.876	5.544	6.111	0.5	0	0.000	0.000	0.039
13	11	5.167	6.985	5.163	6.009	6.194	6.642	6.651	6.259	7.247	6.257	1.0	0	0.000	0.000	0.046
14	12	6.398	7.216	5.682	7.480	4.904	7.571	4.278	5.100	6.989	6.180	1.5	0	0.000	0.000	0.053
15	13	5.394	6.345	7.514	6.667	6.063	5.768	5.172	5.220	6.209	6.039	2.0	0	0.000	0.000	0.060
16	14	6.319	5.767	5.608	6.116	6.200	7.136	4.903	6.152	5.889	6.010	2.5	0	0.000	0.001	0.068
17	15	5.189	4.893	5.540	7.886	6.390	4.388	5.624	3.383	5.632	5.436	3.0	0	0.000	0.004	0.075
18	16	5.694	4.800	7.400	5.448	4.816	4.907	4.509	4.922	4.911	5.268	3.5	0	0.000	0.018	0.082
19	17	4.827	6.889	6.107	6.297	4.668	6.993	5.011	5.081	7.483	5.929	4.0	0	0.000	0.054	0.088
20	18	5.411	5.337	4.947	5.602	7.149	6.486	6.707	5.856	6.151	5.961	4.5	0	0.000	0.130	0.093
21	19	6.385	6.549	6.275	5.236	7.485	6.485	5.470	3.899	6.394	6.020	5.0	2	0.002	0.242	0.097
22	20	6.008	7.116	5.264	4.547	5.980	6.179	6.929	6.794	5.782	6.067	5.5	69	0.069	0.352	0.099
23	21	7.906	6.824	6.278	7.108	6.284	4.989	5.697	6.664	7.252	6.556	6.0	432	0.432	0.399	0.100
24	22	7.790	5.403	7.331	7.139	7.059	5.800	7.515	7.530	3.753	6.591	6.5	427	0.427	0.352	0.099
25	23	6.702	5.517	7.498	7.896	6.126	6.587	8.388	7.723	7.318	7.084	7.0	64	0.064	0.242	0.097
26	24	8.621	6.067	4.615	7.021	5.758	6.964	6.757	6.619	5.368	6.421	7.5	6	0.006	0.130	0.093
27	25	7.213	5.224	7.380	7.117	6.282	6.933	7.263	7.009	5.962	6.709	8.0	0	0.000	0.054	0.088
28	26	7.003	5.828	5.460	5.787	4.520	6.296	6.317	6.617	3.244	5.675	8.5	0	0.000	0.018	0.082
29	27	5.810	6.935	7.100	5.499	4.809	6.640	6.406	5.664	6.246	6.123	9.0	0	0.000	0.004	0.075
30	28	5.097	5.962	6.986	5.547	6.198	6.195	6.051	5.306	5.159	5.834	9.5	0	0.000	0.001	0.068
31	29	6.966	7.564	6.052	7.121	5.598	7.862	5.105	6.318	5.917	6.500	10.0	0	0.000	0.000	0.060
32	30	5.217	5.931	5.906	6.434	6.768	5.100	4.195	8.506	6.865	6.102	10.5	0	0.000	0.000	0.053
33	31	6.859	8.359	7.774	6.753	4.845	4.639	7.356	4.740	4.918	6.249	11.0	0	0.000	0.000	0.046
34	32	4.857	5.562	6.643	5.056	6.615	5.037	3.902	4.776	5.254	5.300	11.5	0	0.000	0.000	0.039
35	33	4.348	5.575	6.483	6.082	4.627	4.709	6.347	5.590	5.631	5.488	12.0	0	0.000	0.000	0.032

=NORMINV(RAND(),$C$1,$E$1)
=AVERAGE(B2:J2)
=AVERAGE($K$3:$K$1002)
=STDEV($K$3:K$1002)
=SQRT(H1)*M3
=NORMDIST($L11,6,4,0)
=NORMDIST($L11,6,1,0)

图 17.3　1000 份容量为 9 的正态总体 $N(6,1)$ 样本均值的均值、标准差、频数和频率

图 17.4 左图给出了总体标准差 $\sigma=1$ 时模拟数据的柱形图,而图 17.4 右图给出了频率散点图与 $N(6,1)$ 密度曲线的比较,它们同样验证了定理 17.1 的结论.

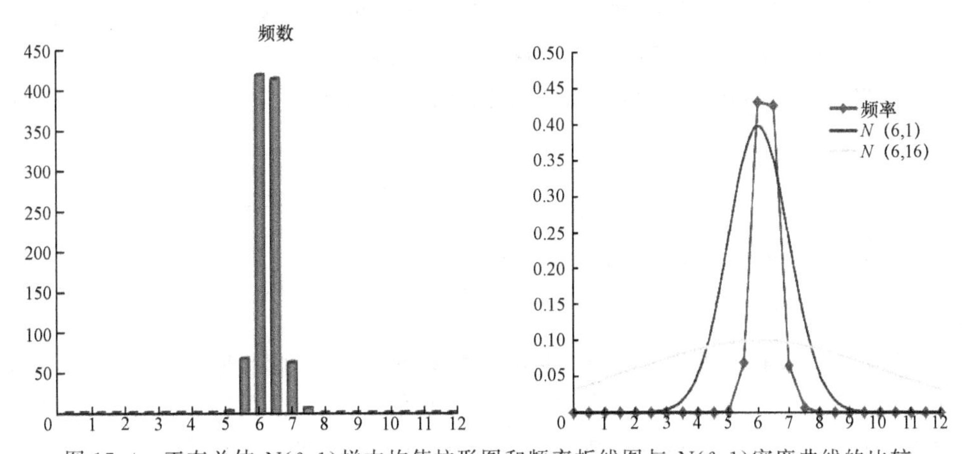

图 17.4　正态总体 $N(6,1)$ 样本均值柱形图和频率折线图与 $N(6,1)$ 密度曲线的比较

17.4　讨论

上述实验过程可以从两方面进行动态演示：

(1) 由于使用了动态随机数命令,因此每按一次 F9 键,所有随机数和与其相关的均值、标准差、频数、频率、柱形图和折线图都会发生相应的变化,并且在变化过程中,总是近似保持关系式 $\sigma \approx \sqrt{n} S_{\bar{X}}$ 成立.

(2) 由于对总体标准差 σ(即单元格 E1 中的值)设置了滚动条◂▸(在单元格 F1 位置),就可以对其进行滚动控制,只要单击该滚动条的左右小黑三角就会发现 E1 中的值会在 1～4 之间发生大小变化,表中相关的数值和图形也会发生相应变化,并且在变化过程中,也总是近似保持关系式 $\sigma \approx \sqrt{n} S_{\bar{X}}$ 成立.

此外,对非正态总体,也可以进行类似讨论,如下面的讨论题：

产生 1000 份来自均匀分布总体 $X \sim U(1,9)$ 的简单随机样本,计算每份样本的均值,再计算这 1000 个样本均值的均值、方差和标准差,并和总体的均值和标准差进行比较.

实验十八　时间序列分析实验

18.1　实验原理

时间序列分析(Time Series Analysis)就是利用按时间先后顺序排列起来所形成的数列,应用数理统计方法加以处理,以预测未来事物的发展.时间序列分析常用在国民经济宏观控制、企业经营管理、市场潜量预测、气象预报、地震前兆预报、农作物病虫灾害预报等方面.

对时间序列进行预测,很重要的工作是趋势预测.移动平均和指数平滑是时间序列趋势预测的两种常见方法,以下将详细介绍移动平均和指数平滑的原理.

一、移动平均原理

移动平均又称滑动平均(Moving Average,MA)是用一组最近的实际数据值来预测未来一期或几期数据的一种常用方法.其基本思想是:根据时间序列逐项推移,依次计算包含一定项数的序时平均值,以反映长期趋势.所进行平均的范围可以是整个序列(整体平均数),也可以是序列中的一部分(局部平均数).当原始数据既不快速增长也不快速下降,且不存在季节性因素时,移动平均法就能有效地消除预测中的随机波动.具体计算公式为:设某一时间序列为 $y_1, y_2, \cdots, y_t$,则 $t+1$ 时刻的预测值为

$$\hat{y}_{t+1} = \frac{1}{n}\sum_{j=0}^{n-1} y_{t-j} = \frac{y_t + y_{t-1} + \cdots + y_{t-n+1}}{n},$$

式中 n 为进行移动平均计算的过去期间的个数.

二、指数平滑原理

指数平滑是加权移动平均的进一步发展和完善,最初由美国经济学家布朗(Robert G. Brown)于 1959 年首次提出.所谓平滑就是通过某种平均方式消除历史统计序列中的随机波动.指数平滑法是通过计算指数平滑值,配合一定的时间序列预测模型对现象的未来进行预测.其原理是任一期的指数平滑值都是本期实际观察值与前一期指数平滑值的加权平均.

根据平滑次数不同，指数平滑法一般可分为：一次指数平滑、二次指数平滑和三次指数平滑等.

1. 一次指数平滑

当时间序列无明显的趋势变化，可用一次指数平滑进行预测. 一次指数平滑以预测目标的本期实际值和本期预测值为基数，分别给予不同的权数求出指数平滑值作为未来的预测值. 其指数平滑计算公式可表示为

$$S_t^{(1)} = \alpha Y_t + (1-\alpha)S_{t-1}^{(1)},$$

其中 $S_t^{(1)}$ 和 $S_{t-1}^{(1)}$ 分别为 t 期和 $t-1$ 期的一次指数平滑值，$\alpha(0<\alpha<1)$ 为平滑系数，Y_t 为第 t 期的观测值.

平滑系数 α 的确定对预测结果有直接的影响. 当时间序列呈现较稳定的水平趋势时，α 应取小一些，如取 0.05～0.3 以减小修正幅度，同时各期观察值的权数差别不大；当时间序列波动较大时，α 应选择居中的值，如取 0.3～0.7；当时间序列波动较大时并呈现明显上升或下降趋势时，α 应取大一些，如取 0.7～0.95 以使模型的预测精度高一些. 在实际应用中，预测者应先结合对预测对象参照经验判断来大致确定额定的取值范围，然后取几个 α 值进行试算，比较不同 α 值下的预测标准误差，并考虑到预测灵敏度和预测精度是相互矛盾的，再采用合适的 α 值.

2. 二次指数平滑

二次指数平滑是在一次指数平滑的基础上，再做一次平滑. 它适用于具有线性趋势的时间序列. 其指数平滑计算公式可表示为

$$S_t^{(2)} = \alpha S_t^{(1)} + (1-\alpha)S_{t-1}^{(2)},$$

其中 $S_t^{(1)}$ 和 $S_t^{(2)}$ 分别为 t 期的一次、二次指数平滑值，$\alpha(0<\alpha<1)$ 为平滑系数.

当时间序列从第 t 期开始至以后具有直线变化趋势时，可建立如下直线趋势模型：

$$\hat{Y}_{t+T} = a_t + b_t \cdot T,$$

其中 $\hat{Y}_{t+T}$ 为第 $t+T$ 期预测值，T 为 t 之后的预测期数，a_t，b_t 为模型参数.

3. 三次指数平滑

三次指数平滑预测是在对原始数据进行一次平滑、二次平滑基础上，再进行一次平滑，适用于具有非线性趋势的时间序列预测. 其计算公式可表示为

$$S_t^{(3)} = \alpha S_t^{(2)} + (1-\alpha)S_{t-1}^{(3)},$$

其中 $S_t^{(2)}$ 和 $S_t^{(3)}$ 分别为第 t 期的二次、三次指数平滑值，$\alpha(0<\alpha<1)$ 为平滑系数. 非线性预测模型为

$$F_{t+m} = a_t + b_t \cdot m + \frac{1}{2}c_t \cdot m^2,$$

其中

$$a_t = 3S_t^{(1)} - 3S_t^{(2)} + S_t^{(3)},$$

$$b_t = \frac{\alpha}{2(1-\alpha)^2}[(6-5\alpha)S_t^{(1)} - (10-8\alpha)S_t^{(2)} + (4-3\alpha)S_t^{(3)}],$$

$$c_t = \frac{\alpha^2}{(1-\alpha)^2}(S_t^{(1)} - 2S_t^{(2)} + S_t^{(3)}),$$

具体的推导过程参见相关文献.

18.2　实验目的及要求

实验目的　理解移动平均和指数平滑进行数据平滑的原理.

具体要求　能够熟练运用 Excel 数据分析中【移动平均】和【指数平滑】工具对时间序列进行趋势预测.

18.3　实验过程

一、移动平均实验

我们以某产品的返修损失预测为例，说明移动平均在时间序列预测中的应用.

首先将某产品1—12月份的返修损失值输入到工作表(图18.3)中，A列代表月份，B列代表损失值. 在 Excel 中，数据分析工具栏里提供了"移动平均"宏工具，这里的移动平均值提供了由所有历史数据的简单的平均值所代表的趋势信息. 单击【数据】/【数据分析】，单击后出现数据分析对话框，如图18.1所示.

图18.1　数据分析对话框

移动滚动条找到【移动平均】宏工具，单击【确定】，弹出移动平均对话框，如图18.2所示，然后按如下步骤进行设置：

(1) 将光标置入"输入区域"对应的空白栏，然后用鼠标从B2到B13选中全部时间序列；

(2) 在"间隔"对应的空白栏中键入"3"，表示计算的过去3个期间的平均值，即取 $n=3$；

(3) 将光标置入"输出区域"对应的空白栏，选中从C2到C13的单元格，作为计算结果的输出位置；

(4) 选中"图表输出"和"标准误差"，这样会自动生成移动平均指标图和标准误差值.

注意　如果"输入区域"对应的空白栏设置为"$B$1:$B$13"，即包括数据标志项，则需要选中"标志位于第一行".

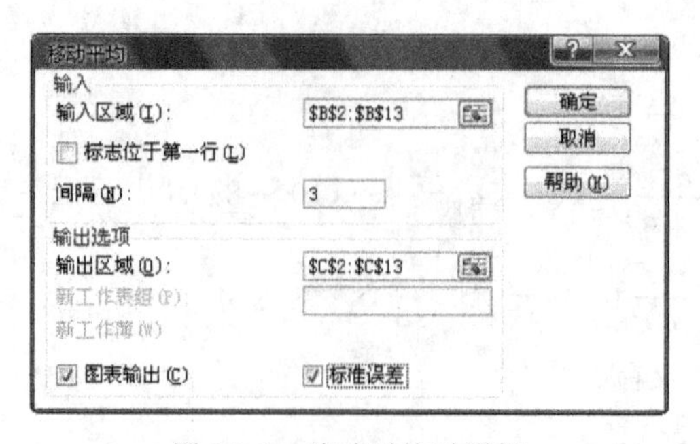

图18.2　移动平均对话框

单击【确定】后，得到产品返修损失的移动平均预测结果，见图 18.3. 结果显示，下一年度 1 月份该产品的返修损失预测值为 9.65. 用鼠标单击单元格 C4 即可查看移动平均的计算公式.

	A	B	C	D
1	月份	返修损失		
2	1	8.16		
3	2	8.35		
4	3	8.44	8.316667	
5	4	8.59	8.46	
6	5	8.71	8.58	0.127816
7	6	8.84	8.713333	0.128898
8	7	8.93	8.826667	0.120585
9	8	9.14	8.97	0.136164
10	9	9.35	9.14	0.167011
11	10	9.46	9.316667	0.176583
12	11	9.63	9.48	0.170435
13	12	9.87	9.653333	0.173194

图 18.3　移动平均结果

二、指数平滑实验

以 2000—2010 年我国城镇居民人均可支配收入预测为例，说明指数平滑在时间序列预测中的应用.

首先将原始数据输入到工作表(图 18.6)中，A 列代表年份，B 列代表我国城镇居民人均可支配的收入. 在 Excel 中，数据分析工具栏里提供了"指数平滑"宏工具. 单击【数据】/【数据分析】，单击后出现数据分析对话框，如图 18.4 所示.

图 18.4　数据分析对话框

移动滚动条找到【指数平滑】宏工具，单击【确定】，弹出指数平滑对话框，如图 18.5 所示. 然后按如下步骤进行设置：

(1) 将光标置入"输入区域"对应的空白栏，然后用鼠标从 B1 到 B12 选中全部时间序列连同标志；

(2) 选中"标志"；

(3) 在"阻尼系数"对应的空白栏中键入"0.05"，表示指数平滑系数为 0.95，即取 $\alpha=$

0.95. 注意，在Excel中指数平滑系数与阻尼系数的关系是：平滑系数＋阻尼系数＝1.

(4) 将光标置入"输出区域"对应的空白栏，选中C2作为计算结果的输出位置首个单元格；

(5) 选中"图表输出"和"标准误差"，这样会自动生成指数平滑指标图和标准误差值.

注意　如果"输入区域"对应的空白栏设置为"$B$2：$B$12"，即不包括数据标志项，则不要选中"标志".

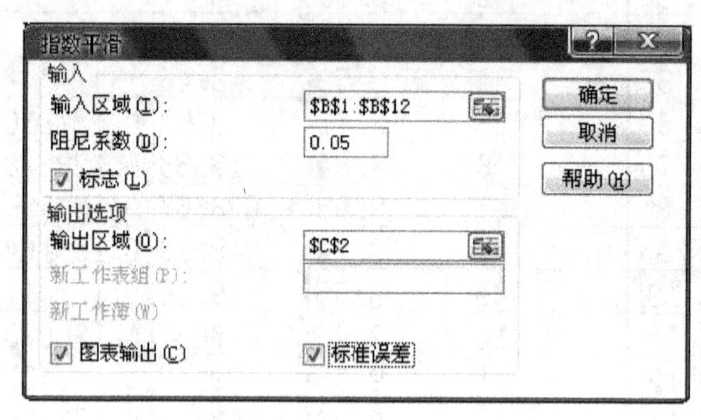

图 18.5　指数平滑对话框

完成上述设置以后，单击【确定】，即可得到计算结果，包括指数平滑结果、标准误差以及指数平滑曲线图，见图 18.6 和图 18.7.

	A	B	C	D
1	年份	城镇居民人均可支配收入	0.95	标准误差
2	2000	6280	6280	
3	2001	6860	6280	
4	2002	7779	6831	
5	2003	8472	7731.6	
6	2004	9422	8434.98	770.9942
7	2005	10493	9372.649	898.3512
8	2006	11759	10436.98245	962.21741
9	2007	13786	11692.89912	1151.3941
10	2008	15781	13681.34496	1568.8624
11	2009	17175	15676.01725	1874.1534
12	2010	19109	17100.05086	1918.0347

图 18.6　平滑系数为 0.95 的指数平滑结果

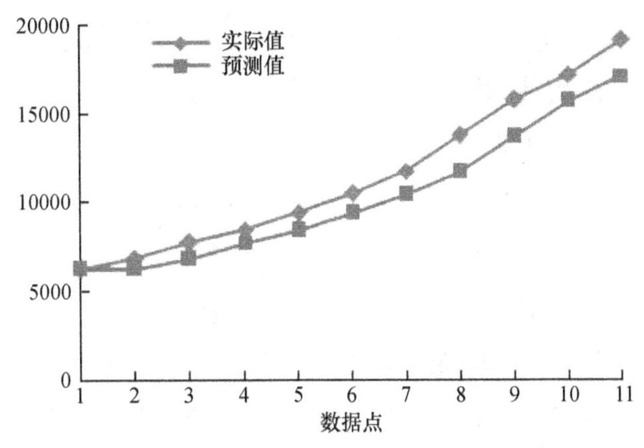

图 18.7　平滑系数为 0.95 的指数平滑预测曲线

为确定最优的平滑系数，只需重复如上过程，将形如图 18.5 的指数平滑对话框中的阻尼系数做相应改动即可，部分结果如图 18.8 所示. 然后再根据误差平方和最小原理，选择适宜的平滑系数.

	A	B	C	D	E	F	G	H	I	J
1	年份	城镇居民人均可支配收入	0.7	标准误差	0.6	标准误差	0.9	标准误差	0.95	标准误差
2	2000	6280								
3	2001	6860	6280		6280		6280		6280	
4	2002	7779	6686		6628		6802		6831	
5	2003	8472	7451.1		7318.6		7681.3		7731.6	
6	2004	9422	8165.73	926.15438	8010.64	998.58776	8392.93	799.19449	8434.98	770.9942
7	2005	10493	9045.119	1127.6968	8857.456	1244.5976	9319.093	937.85581	9372.649	898.3512
8	2006	11759	10058.636	1253.902	9838.7824	1413.8921	10375.609	1010.3216	10436.982	962.21741
9	2007	13786	11248.891	1479.3932	10990.913	1668.7497	11620.661	1204.2719	11692.899	1151.3941
10	2008	15781	13024.867	1951.4543	12667.965	2173.6874	13569.466	1631.0039	13681.345	1568.8624
11	2009	17175	14954.16	2375.1793	14535.786	2657.7392	15559.847	1957.3235	15676.017	1874.1534
12	2010	19109	16508.748	2514.3138	16119.314	2855.9264	17013.485	2015.6303	17100.051	1918.0347

图 18.8　基于不同平滑系数的指数平滑结果

从标准误差结果来看，原始数据的一次指数平滑预测结果并不理想，需要作二次、三次指数平滑. 首先在 2000 年对应的单元格 C2 中填上 6280，然后打开“指数平滑”宏工具，对第一次指数平滑结果进行指数平滑，确定后即可得到二次指数平滑结果.

与二次指数平滑类似，首先在 2000 年对应的 E2 中填上 6280，然后打开“指数平滑”宏工具，选择第二次指数平滑结果进行指数平滑，确定后即可得到三次指数平滑结果. 二次指数平滑、三次指数平滑结果如图 18.9 所示. 图 18.10 和图 18.11 分别展示了二次、三次指数平滑预测曲线.

E	F	G	H
二次平滑		三次平滑	
6280			
6280		6280	
6280		6280	
6803.45		6280	
7685.1925	623.18093	6777.2775	302.214
8397.4906	758.78076	7639.7968	605.06461
9323.8911	889.67739	8359.6059	746.63904
10381.328	957.79043	9275.6768	880.95696
11627.321	1141.6546	10326.045	953.31179
13578.644	1546.8471	11562.257	1132.1995
15571.149	1856.3594	13477.824	1525.5161

图 18.9　二次、三次指数平滑结果

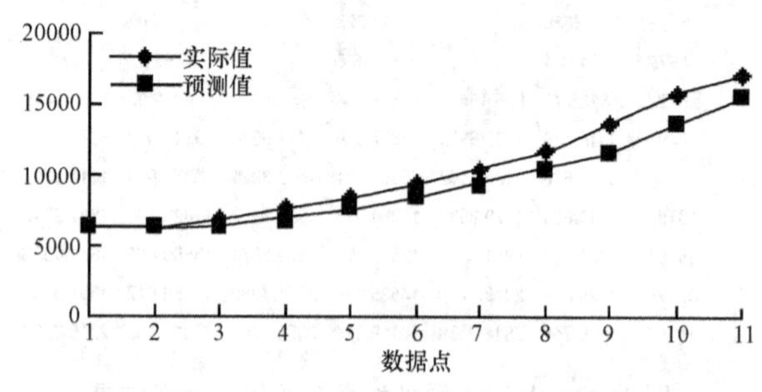

图 18.10　二次指数平滑预测曲线

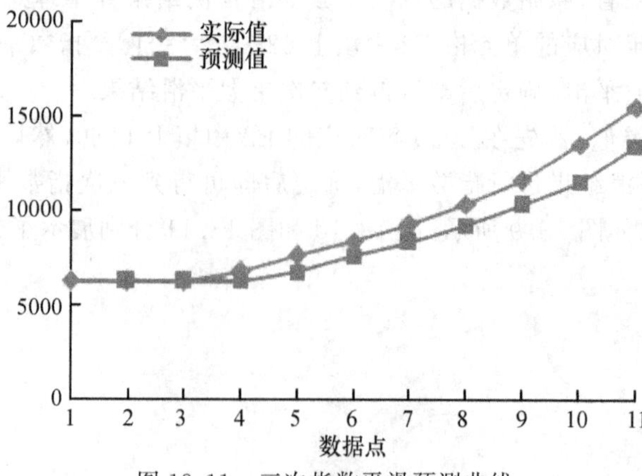

图 18.11　三次指数平滑预测曲线

18.4　讨论

在运用指数平滑进行时间序列分析时，关键是对平滑系数的设置，试在 Excel 中运用【规划求解】宏工具，根据误差平方和最小原理，设置求解实验中的最优平滑系数.

实验十九　二元正态分布随机数和密度函数作图

19.1　实验原理

二维正态分布是最常用的多维连续型分布. 若二维随机变量(X,Y)的联合密度函数为

$$f(x,y)=\frac{1}{2\pi\sigma_1\sigma_2\sqrt{1-\rho^2}}e^{-\frac{1}{2(1-\rho^2)}\left[\frac{(x-\mu_1)^2}{\sigma_1^2}-2\rho\frac{(x-\mu_1)(y-\mu_2)}{\sigma_1\sigma_2}+\frac{(y-\mu_2)^2}{\sigma_2^2}\right]},\quad -\infty<x,y<+\infty, \tag{19.1}$$

则称(X,Y)服从**二维正态分布**，记为

$$(X,Y)\sim N(\mu_1,\sigma_1^2;\mu_2,\sigma_2^2;\rho),$$

其中五个参数的取值范围分别是$-\infty<\mu_1,\mu_2<\infty,\sigma_1^2,\sigma_2^2>0,|\rho|\leqslant 1$. 其联合密度函数的图形见图 19.5.

由二维正态分布的性质知，X 与 Y 独立等价于 X 与 Y 的相关系数 $\rho=0$. 或者说，当 $\rho\neq 0$ 时，X 与 Y 不独立.

19.2　实验目的及要求

实验目的　理解产生多元正态随机数的原理和方法.

具体要求　掌握在 Excel 中产生分量相互独立的二维正态分布随机数的步骤和操作过程；了解产生分量不独立的二维正态分布随机数的原理和方法.

19.3　实验过程

例 19.1　产生服从二维正态分布 $N(7,1;6,1;0)$的随机向量(X,Y).

解　若随机变量 X 与 Y 相互独立(即 $\rho=0$)，且 $X\sim N(\mu_1,\sigma_1^2)$，$Y\sim N(\mu_2,\sigma_2^2)$，则

$$(X,Y)\sim N(\mu_1,\sigma_1^2;\mu_2,\sigma_2^2;0).$$

于是只要在 Excel 工作表中 A 列上产生 $N(\mu_1,\sigma_1^2)$随机数 X，在 B 列上产生 $N(\mu_2,\sigma_2^2)$随机数 Y，则由 X 和 Y 组成的二维随机向量(X,Y)就服从二维正态分布 $N(\mu_1,\sigma_1^2;\mu_2,\sigma_2^2;0)$. 用这种方法，只要由随机数发生器分别产生 $N(7,1)$随机数 X 和 $N(6,1)$随机数 Y，则由 X 和 Y 组成的二维随机向量(X,Y)就服从二维正态分布 $N(7,1;6,1;0)$.

例 19.2　产生服从二维正态分布 $N(7,1;6,1;0.6)$的随机向量(X,Y).

解　此时情形要复杂得多. 先讨论一般情形，设 n 维正态分布随机向量 $\boldsymbol{X}=(X_1,\cdots,X_n)^{\mathrm{T}}$ 的联合密度函数为

$$f(\boldsymbol{x})=f(x_1,\cdots,x_n)=\frac{1}{(2\pi)^{\frac{n}{2}}\,|\boldsymbol{\Sigma}|^{\frac{1}{2}}}e^{-\frac{1}{2}(\boldsymbol{x}-\boldsymbol{\mu})^{\mathrm{T}}\boldsymbol{\Sigma}^{-1}(\boldsymbol{x}-\boldsymbol{\mu})},$$

其中 $\boldsymbol{x}=(x_1,\cdots,x_n)^{\mathrm{T}}$；$\boldsymbol{\mu}=(\mu_1,\cdots,\mu_n)^{\mathrm{T}}$ 是 $\boldsymbol{X}$ 的均值向量；$\boldsymbol{\Sigma}=(\sigma_{ij})_{n\times n}$是 $\boldsymbol{X}$ 的协方差阵，这里 $\boldsymbol{\Sigma}>0$ 为正定阵，$\sigma_{ij}=\mathrm{E}[(X_i-\mu_i)(X_j-\mu_j)]$，$i,j=1,\cdots,n$. 由于 $\boldsymbol{\Sigma}$ 为正定阵，故存在下三角阵 $\boldsymbol{C}$，

使得 $\boldsymbol{\Sigma}=\boldsymbol{C}\boldsymbol{C}^{\mathrm{T}}$. 若设 $\boldsymbol{U}=(U_1,\cdots,U_n)^{\mathrm{T}}$，且 $\boldsymbol{U}$ 的各个分量相互独立均服从 $N(0,1)$ 分布，那么可以证明

$$\boldsymbol{X}=\boldsymbol{\mu}+\boldsymbol{C}\boldsymbol{U}$$

服从以 $\boldsymbol{\mu}=(\mu_1,\cdots,\mu_n)^{\mathrm{T}}$ 为均值向量，以 $\boldsymbol{\Sigma}=\boldsymbol{C}\boldsymbol{C}^{\mathrm{T}}$ 为协方差阵的 n 维正态分布.

由上述讨论可得，产生分量相关的 n 维正态分布随机数的方法为：首先产生相互独立均服从 $N(0,1)$ 分布的随机变量 $U_1,\cdots,U_n$；接着对正定阵 $\boldsymbol{\Sigma}$ 作 Cholesky 分解（即下三角×上三角分解）：$\boldsymbol{\Sigma}=\boldsymbol{C}\boldsymbol{C}^{\mathrm{T}}$，其中

$$\boldsymbol{C}=\begin{bmatrix} c_{11} & 0 & \cdots & 0 \\ c_{21} & c_{22} & \cdots & 0 \\ \vdots & \vdots & \ddots & \vdots \\ c_{n1} & c_{n2} & \cdots & c_{nn} \end{bmatrix};$$

最后令 $X_k=\mu_k+\sum_{i=1}^{n} c_{ki}U_i\ (k=1,\cdots,n)$. 这样就得到服从 $N_n(\boldsymbol{\mu},\boldsymbol{\Sigma})$ 的 n 维正态分布随机向量 $\boldsymbol{X}=(X_1,\cdots,X_n)^{\mathrm{T}}$.

由于二维正态分布 $N(7,1;6,1;0.6)$ 的协方差阵 $\boldsymbol{\Sigma}$ 可作如下分解：

$$\boldsymbol{\Sigma}=\begin{bmatrix} \sigma_1^2 & \rho\sigma_1\sigma_2 \\ \rho\sigma_1\sigma_2 & \sigma_2^2 \end{bmatrix}=\begin{bmatrix} 1 & 0.6 \\ 0.6 & 1 \end{bmatrix}=\begin{bmatrix} 1 & 0 \\ 0.6 & 0.8 \end{bmatrix}\begin{bmatrix} 1 & 0.6 \\ 0 & 0.8 \end{bmatrix},$$

故得到变换公式

$$\begin{bmatrix} X \\ Y \end{bmatrix}=\begin{bmatrix} 7 \\ 6 \end{bmatrix}+\begin{bmatrix} 1 & 0 \\ 0.6 & 0.8 \end{bmatrix}\begin{bmatrix} U \\ V \end{bmatrix}=\begin{bmatrix} 7+U \\ 6+0.6U+0.8V \end{bmatrix}.$$

操作过程如图 19.1 所示.

	A	B	C	D	E	F
1	U	V	X	Y		
2	-0.3002	-0.1545	6.6998	5.6963	(D2=6+0.6*A2+0.8*B2)	
3	-1.2777	-0.9223	5.7223	4.4956	(C3=7+A3)	
4	0.2443	0.3282	7.2443	6.4091		
5	1.2765	2.2652	8.2765	8.5781		
6	1.1984	-1.1650	8.1984	5.7870		
7	1.7331	0.1181	8.7331	7.1344		

图 19.1 产生相关二维正态分布随机数

例 19.3 设随机变量 X 与 Y 相互独立，且 $X\sim N(\mu_1,\sigma_1^2)$，$Y\sim N(\mu_2,\sigma_2^2)$，则联合密度为

$$f(x,y)=f_X(x)f_Y(y)=\frac{1}{2\pi\sigma_1\sigma_2}\mathrm{e}^{-\frac{1}{2}\left[\frac{(x-\mu_1)^2}{\sigma_1^2}+\frac{(y-\mu_2)^2}{\sigma_2^2}\right]},\quad -\infty<x,y<+\infty.$$

即 $(X,Y)\sim N(\mu_1,\sigma_1^2;\mu_2,\sigma_2^2;0)$. 试在 Excel 中作出此密度函数的图形.

解 应用 Excel 对二维正态分布的密度函数作图时，由于 Excel 没有提供适用于一般二维正态分布的函数，所以只能在单元格中按(19.1)式输入公式来计算 $f(x,y)$ 的值，操作比较烦琐.

对独立情形下的二维正态分布密度函数进行作图，如图 19.2 所示. 首先在单元格区域 A2:D2 分别输入 $\mu_1,\sigma_1,\mu_2,\sigma_2$ 四个值；然后在 B4:Z4 和 A5:A29 分别输入 x,y 的取值；接着在单元格 B5 输入公式"＝NORMDIST(B $4, $A $2, $B $2,0) * NORMDIST($A5, $C $2,

$D$2,0)”,确定后得到所求的概率值为 0,其中函数 NORMDIST(x,μ,σ,0)用来计算均值为 μ、标准差为 σ 的正态分布的密度函数在 x 处的值;最后用鼠标单击单元格 B5 右下角,等出现小黑十字后按住不放,拖动鼠标至 Z29 放开,就可以在单元格区域 $B$5:$Z$29 中自动计算出二维正态分布密度函数 $f(x,y)$的值,并且可以通过改变区域 A2:D2 内的 μ_1,σ_1,μ_2,σ_2 各个值(或对它们分别设置四个滚动条来动态控制)得到不同参数下的密度函数 $f(x,y)$的值,如图 19.2 所示.

	A	B	C	D	E	F	G	H	I	J	K	L	M	N	O	P	Q	R	S	T	U	V	W	X	Y	Z
1	μ_1	σ_1	μ_2	σ_2																						
2	0	1	0	1																						
3																										
4		-3	-2.8	-2.5	-2.3	-2	-1.8	-1.5	-1.3	-1	-0.8	-0.5	-0.3	0	0.25	0.5	0.75	1	1.25	1.5	1.75	2	2.25	2.5	2.75	3
5	-3	0	0	0	0	0	0	0	0	0	0	0	0	0	0	0	0	0	0	0	0	0	0	0	0	0
6	-2.8	0	0	0	0	0	0	0	0	0	0	0	0	0	0	0	0	0	0	0	0	0	0	0	0	0
7	-2.5	0	0	0	0	0	0	0	0	0	0.01	0.01	0.01	0.01	0.01	0.01	0.01	0	0	0	0	0	0	0	0	0
8	-2.3	0	0	0	0	0	0	0	0.01	0.01	0.01	0.01	0.01	0.01	0.01	0.01	0.01	0.01	0.01	0	0	0	0	0	0	0
9	-2	0	0	0	0	0	0	0.01	0.01	0.01	0.02	0.02	0.02	0.02	0.02	0.02	0.02	0.01	0.01	0.01	0	0	0	0	0	0
10	-1.8	0	0	0	0	0	0.01	0.01	0.02	0.02	0.03	0.03	0.03	0.03	0.03	0.03	0.03	0.02	0.02	0.01	0.01	0	0	0	0	0
11	-1.5	0	0	0	0	0.01	0.01	0.02	0.02	0.03	0.04	0.05	0.05	0.05	0.05	0.05	0.04	0.03	0.02	0.02	0.01	0.01	0	0	0	0
12	-1.3	0	0	0	0.01	0.01	0.02	0.02	0.03	0.04	0.06	0.06	0.07	0.07	0.07	0.06	0.06	0.04	0.03	0.02	0.02	0.01	0.01	0	0	0
13	-1	0	0	0	0.01	0.01	0.02	0.03	0.04	0.06	0.07	0.09	0.09	0.1	0.09	0.09	0.07	0.06	0.04	0.03	0.02	0.01	0.01	0	0	0
14	-0.8	0	0	0.01	0.01	0.02	0.03	0.04	0.06	0.07	0.09	0.11	0.12	0.12	0.12	0.11	0.09	0.07	0.06	0.04	0.03	0.02	0.01	0.01	0	0
15	-0.5	0	0	0.01	0.01	0.02	0.03	0.05	0.06	0.09	0.11	0.12	0.14	0.14	0.14	0.12	0.11	0.09	0.06	0.05	0.03	0.02	0.01	0.01	0	0
16	-0.3	0	0	0.01	0.01	0.02	0.03	0.05	0.07	0.09	0.12	0.14	0.15	0.15	0.15	0.14	0.12	0.09	0.07	0.05	0.03	0.02	0.01	0.01	0	0
17	0	0	0	0.01	0.01	0.02	0.03	0.05	0.07	0.1	0.12	0.14	0.15	0.16	0.15	0.14	0.12	0.1	0.07	0.05	0.03	0.02	0.01	0.01	0	0
18	0.25	0	0	0.01	0.01	0.02	0.03	0.05	0.07	0.09	0.12	0.14	0.15	0.15	0.15	0.14	0.12	0.09	0.07	0.05	0.03	0.02	0.01	0.01	0	0
19	0.5	0	0	0.01	0.01	0.02	0.03	0.05	0.06	0.09	0.11	0.12	0.14	0.14	0.14	0.12	0.11	0.09	0.06	0.05	0.03	0.02	0.01	0.01	0	0
20	0.75	0	0	0.01	0.01	0.02	0.03	0.04	0.06	0.07	0.09	0.11	0.12	0.12	0.12	0.11	0.09	0.07	0.06	0.04	0.03	0.02	0.01	0.01	0	0
21	1	0	0	0	0.01	0.01	0.02	0.03	0.04	0.06	0.07	0.09	0.09	0.1	0.09	0.09	0.07	0.06	0.04	0.03	0.02	0.01	0.01	0	0	0
22	1.25	0	0	0	0.01	0.01	0.02	0.02	0.03	0.04	0.06	0.06	0.07	0.07	0.07	0.06	0.06	0.04	0.03	0.02	0.02	0.01	0.01	0	0	0
23	1.5	0	0	0	0	0.01	0.01	0.02	0.02	0.03	0.04	0.05	0.05	0.05	0.05	0.05	0.04	0.03	0.02	0.02	0.01	0.01	0	0	0	0
24	1.75	0	0	0	0	0	0.01	0.01	0.02	0.02	0.03	0.03	0.03	0.03	0.03	0.03	0.03	0.02	0.02	0.01	0.01	0	0	0	0	0
25	2	0	0	0	0	0	0	0.01	0.01	0.01	0.02	0.02	0.02	0.02	0.02	0.02	0.02	0.01	0.01	0.01	0	0	0	0	0	0
26	2.25	0	0	0	0	0	0	0	0.01	0.01	0.01	0.01	0.01	0.01	0.01	0.01	0.01	0.01	0.01	0	0	0	0	0	0	0
27	2.5	0	0	0	0	0	0	0	0	0	0.01	0.01	0.01	0.01	0.01	0.01	0.01	0	0	0	0	0	0	0	0	0
28	2.75	0	0	0	0	0	0	0	0	0	0	0	0	0	0	0	0	0	0	0	0	0	0	0	0	0
29	3	0	0	0	0	0	0	0	0	0	0	0	0	0	0	0	0	0	0	0	0	0	0	0	0	0

图 19.2 相互独立情形下的二维正态分布密度函数值

接着再作二维正态分布密度函数的图形,依次单击【插入】/【图表】/【曲面图】(见图19.3),单击【下一步】,数据区域选择单元格区域 $A$4:$Z$29(见图 19.4),最后单击【完成】,得到二维正态分布密度函数的三维图像(见图 19.5).

图 19.3 图表类型对话框

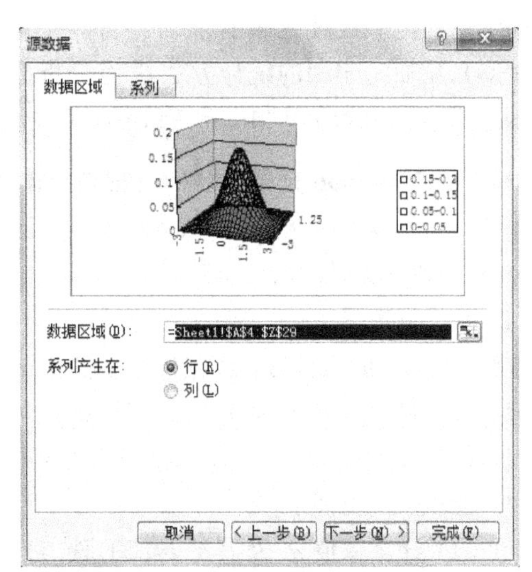

图 19.4 源数据对话框

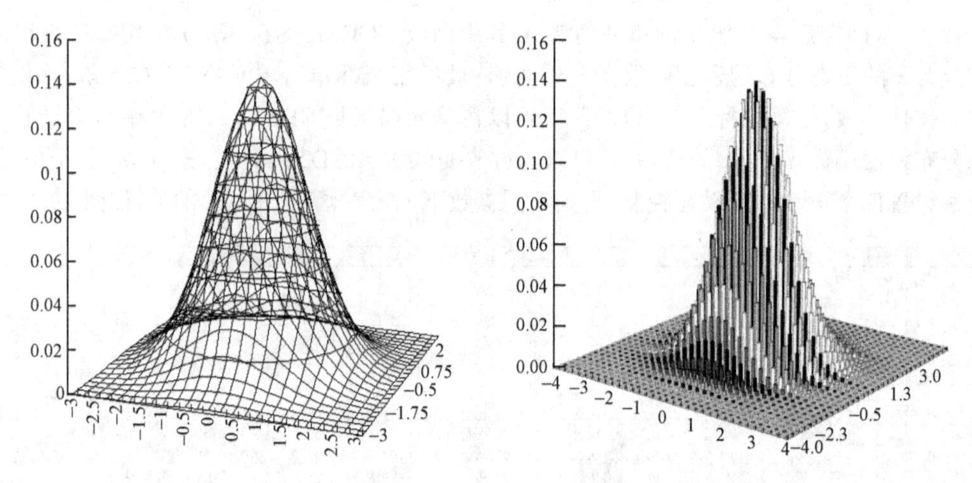

图 19.5 相互独立情形下的二维正态分布密度函数图及直方图

19.4 讨论

作三维曲面图时还可以选择其他选项，如三维曲面图(框架图)、俯视图和条形图(如图19.5右图)等等.

实验二十 两个非参数检验及其在教育统计中的应用

20.1 实验原理

在教育研究中，常常需要比较两个总体的水平(均值或者中位数)是否有显著差异，如在同一门课程中用两种教学方法分别在两个各方面条件基本相似的班级施教，然后检验两个班级在相关测验上的得分是否有显著差异，在能力训练中比较学生某项能力训练前的测验成绩和训练后的测验成绩是否有显著差异，等等. 学生在测验上的得分通常只能视为等级数据(见20.4)，从而基于秩的统计方法成为分析此类数据的最佳选择，在教育统计中常用的有 Wilcoxon 符号-秩检验和 Mann-Whitney U-检验.

一、Wilcoxon 符号-秩检验(配对样本)

设 $\boldsymbol{x}=(x_1,x_2,\cdots,x_m)$ 与 $\boldsymbol{y}=(y_1,y_2,\cdots,y_m)$ 为配对样本数据，先求出 $d_i=x_i-y_i, i=1,2,\cdots,m$，我们检验假设：

$$\mathrm{H}_0:\Delta=0\longleftrightarrow \mathrm{H}_1:\Delta\neq 0.$$

这里 Δ 是 d_i 的中位数(理论上通常假设 d_i 有潜在的连续分布，所以这里 Δ 也可以看成 d_i 的潜在分布的 50%分位数). 在原假设被拒绝时，若 $\Delta>0$，则我们认为 $\boldsymbol{x}$ 代表的总体水平高于 $\boldsymbol{y}$ 代表的总体水平；若 $\Delta<0$，则我们认为 $\boldsymbol{x}$ 代表的总体水平低于 $\boldsymbol{y}$ 代表的总体水平.

检验方法如下：

(1) 计算差值 d_i 及其绝对值的秩. 将值为 0 的 d_i 的秩规定为 0，对其余的非 0 的 d_i 按绝对值大小排序，最小的绝对值的秩(即该绝对值在这个排列中的位次)记为 1，次小的绝对值的秩记为 2，……以此类推，最大绝对值的秩记为 n，n 也是非 0 的 d_i 的个数.

如果有若干个相同的绝对值(称为**结**),则把相同的绝对值看成一组,按从小到大的次序,记 R 为上一个组的最大秩,G 为这一组中样本的个数,则这个组的秩从 $R+1$ 到 $R+G$,计算该组的平均秩=(该组最大秩+该组最小秩)/2,并将其作为该组中每个绝对值的秩. 为方便计算,将负 d_i 的秩前标注负号.

(2) 记 R_1 是正 d_i 的绝对值的秩的和,理论上可以证明:在原假设成立的条件下,R_1 的期望和方差分别为

$$\mathrm{E}(R_1) = n(n+1)/4, \quad \mathrm{Var}(R_1) = n(n+1)(2n+1)/24.$$

如果非零的 d_i 的个数超过 16,可以认为 R_1 近似服从正态分布,从而可以取如下检验统计量 W:

a. 当没有结(即没有绝对值相同的差异)时,

$$W = [\,|R_1 - n(n+1)/4| - 1/2]/\sqrt{n(n+1)(2n+1)/24};$$

b. 当有结时,

$$W = [\,|R_1 - n(n+1)/4| - 1/2]\Big/\sqrt{\frac{n(n+1)(2n+1)}{24} - \sum_1^s (t_i^s - t_i)/48},$$

其中 t_i 是第 i 个至少有两个相同绝对值的组中的数据个数,s 是有结的组数.

(3) 如果 $W > z_{1-\alpha/2}$,拒绝原假设 H_0.

该检验的 p 值计算如下:

$$p = 2[1 - \Phi(W)],$$

这里 $\Phi(x)$ 是标准正态分布的分布函数,$z_{1-\alpha/2}$ 为标准正态分布的 $1-\frac{\alpha}{2}$ 分位数.

注意　这个检验适用于非零的 d_i 的个数≫16,且 d_i 具有连续对称分布.

二、Mann-Whitney U-检验(独立样本)

Mann-Whitney U-检验也被称为 Wilcoxon **秩-和检验**(Wilcoxon rank-sum test),常用于两个独立样本的检验.

设 $\boldsymbol{x}=(x_1, x_2, \cdots, x_l)$ 与 $\boldsymbol{y}=(y_1, y_2, \cdots, y_m)$ 为两个独立样本数据,记 m_x 和 m_y 分别为 $\boldsymbol{x}$ 代表的总体和 $\boldsymbol{y}$ 代表的总体的中位数,我们检验假设:

$$\mathrm{H}_0: m_x = m_y \longleftrightarrow \mathrm{H}_1: m_x \neq m_y.$$

检验方法如下:

(1) 将两组数据合并,从小到大排序.

(2) 给每一个数据指定一个秩,数值最小的给予最小的秩,数值最大的给予最大的秩,亦可反过来;如果有相同的样本数据,则仿 Wilcoxon 符号-秩检验中的检验方法(1)给予平均秩.

(3) 计算 $\boldsymbol{x}$ 样本的秩和 R_1(亦可计算 $\boldsymbol{y}$ 样本的秩和).

(4) 仿 Wilcoxon 符号-秩检验中的检验方法(2)的讨论,可取检验统计量 W 如下:

a. 当没有结(即没有绝对值相同的差异)时,

$$W = [\,|R_1 - l(l+m+1)/2| - 1/2]/\sqrt{(l+m+1)(lm)/12};$$

b. 当有结时,

$$W = [\,|R_1 - l(l+m+1)/2| - 1/2]\Bigg/\sqrt{\frac{lm}{12}\left[l+m+1-\frac{\sum_1^s t_i^s - t_i}{(l+m)(l+m-1)}\right]},$$

其中 t_i 是第 i 个至少含有两个相同绝对值的组中的数据个数，s 是有结的组数.

(5) 如果 $W > z_{1-\alpha/2}$，拒绝原假设 H_0.

该检验的 p 值计算如下：

$$p = 2[1 - \Phi(W)],$$

这里 $\Phi(x)$ 是标准正态分布的分布函数，$z_{1-\alpha/2}$ 为标准正态分布的 $1-\frac{\alpha}{2}$ 分位数.

注意　这个检验适用于 l 和 m 均不少于 10，且样本变量有连续分布.

20.2　实验目的及要求

实验目的　学习基于秩的统计方法以及 Excel 中的相关函数命令.

具体要求　掌握 Wilcoxon 符号-秩检验和 Mann-Whitney U-检验在教育统计中的操作步骤，能对实际数据进行统计分析并对分析结果给出合理的统计解释.

20.3　实验过程

Excel 的数据分析选项中并未直接提供非参数检验的工具，但是我们仍然可以利用 Excel 中丰富的函数来完成这些非参数检验. 下面我们用一个实例来演示如何完成 Wilcoxon 符号-秩检验，Mann-Whitney U-检验则留给读者仿照这里的方法完成，这是容易的.

例 20.1　在一项英语阅读能力训练研究中，为鉴别两种英语阅读能力训练方法的优劣，将一个班级的 58 名学生随机分成人数相等的两组，每组 29 名学生. 两名各方面条件基本相同的教师分别采用这两种训练方法对这两组学生进行阅读能力训练，训练时间为 3 个月. 3 个月后对学生进行阅读能力测验，测验分值为 1—15 之间的整数，满分 15 分，两组学生测验所得分数的原始数据见表 20.1.

表 20.1　两种训练方法实施后学生的测验得分

编号	1	2	3	4	5	6	7	8	9	10	11	12	13	14	15
方法 1	13	10	14	11	7	10	14	12	9	9	4	9	5	9	7
方法 2	12	7	13	12	10	14	13	11	11	13	12	9	10	12	10
编号	16	17	18	19	20	21	22	23	24	25	26	27	28	29	
方法 1	12	10	13	9	7	8	9	6	6	8	9	12	10	9	
方法 2	12	12	13	14	7	11	11	5	12	11	14	13	11	12	

解　需检验的假设是

$$H_0: \Delta = 0 \longleftrightarrow H_1: \Delta \neq 0.$$

检验步骤如下：

(1) 将原始数据录入 Excel 工作表(图 20.2)的 A 列和 B 列.

(2) 在单元格 D5 输入公式"＝A5－B5"，在单元格 E5 输入公式"＝ABS(D5)"，选取单元格区域 D5:E5，向下拖动填充柄将公式复制到第 6 行至第 33 行，完成 d_i 和 d_i 的绝对值的计算.

(3) 在单元格 F5 中输入公式

"= IF(D5 > 0,COUNTIF(E:E,"<"&E5) - COUNTIF(E:E,"= 0")
　　+ (1 + COUNTIF(E:E,"= "&E5))/2,

IF(D5 < 0, −(COUNTIF(E:E,"<"&E5) − COUNTIF(E:E," = 0")
+ (1 + COUNTIF(E:E," = "&E5))/2),0))",

选定 F5 单元格后向下拖动填充柄将公式复制到 F6:F33 单元格区域，完成对 d_i 的绝对值编秩，以及对于负的 d_i 在其秩前添加负号.

(4) 由于 d_i 数据中有结，在计算统计量 W 之前需要先得到 d_i 中大于 0 的结的组数及每个结的频数，我们用"高级筛选"命令完成这个步骤，见图 20.1.

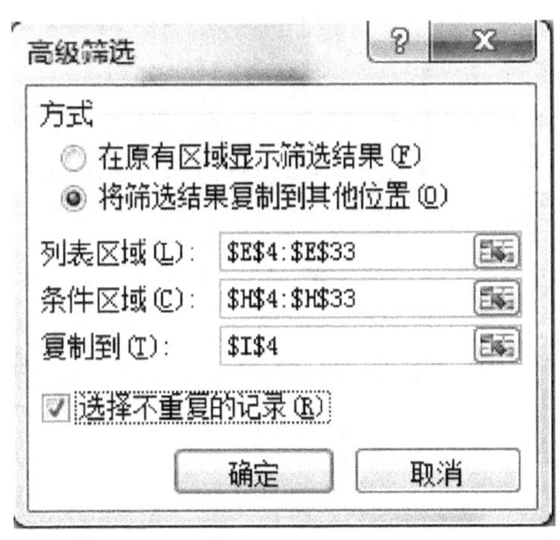

图 20.1　高级筛选

首先在 H 列设定条件区域，在 H4 中输入 E 列的字段名(这里是 $|d|$)，在 K5 中输入条件函数"=IF(AND($E5>0,COUNTIF(E:E,E5)>1),E5)"，按住填充柄向下拖动到 K33，条件区域定义完毕.

依次单击菜单栏中【数据】/【筛选】/【高级】按钮调出【高级筛选】窗口，选择"将筛选结果复制到其他位置"；在"列表区域"文本框中填入"$E$4:$E$33"；在"条件区域"文本框中填入"$H$4:$H$33"；在"复制到"文本框中填入"$I$4"；并勾选"选择不重复的记录". 按下确定按钮即可完成筛选工作，E 列中所有重复两次以上且大于 0 的 $|d_i|$ 的不同数值显示在 I5:I9.

在 J5 输入公式"=COUNTIF(E:E,"="&I5)"，按住填充柄拖动至 J9，完成对上述 $|d_i|$ 的不同数值的频数统计.

(5) 在单元格 M6 中键入公式"=SUMIF(F:F,"<0")"，计算负 d_i 的秩和(简称负秩和).

(6) 在单元格 M7 中键入公式"=SUMIF(F:F,">0")"，计算正 d_i 的秩和(简称正秩和).

(7) 在单元格 M8 中填入公式"=COUNT(E:E)−COUNTIF(E:E,"=0")"，计算非 0 的 d_i 的个数 n.

(8) 在单元格 I9 中键入公式"=(ABS(M7−M8 * (M8+1)/4)−0.5)/SQRT((M8 * (M8+1) * (2 * M8+1)/24)−SUM((J5:J9)^3−(J5:J9))/48)"，计算 W 统计量的值.

(9) 在单元格 M10 中键入公式"=(1−NORMSDIST(M9)) * 2"，计算 p 值.

由于 p 值非常小，从而我们有很大把握判断方法 2 优于方法 1. 检验完成后的工作表见图 20.2.

	A	B	C	D	E	F	G	H	I	J	K	L	M
1	阅读能力测验数据的Wilcoxon符号秩检验												
2													
3	原始数据			差值及秩				条件区域	结的不同值及其频数			检验结果	
4	教法1	教法2		d	|d|	秩		|d|	|d|	f			
5	13	12		1	1	4.5		1	1	8			
6	10	7		3	3	15		3	3	7		负秩和	-287.5
7	14	13		1	1	4.5		1	4	2		正秩和	37.5
8	11	12		-1	1	-4.5		1	2	3		n	25
9	7	10		-3	3	-15		3	5	3		W统计量的值	3.350517
10	10	14		-4	4	-19.5		4				p值	0.000807
11	14	13		1	1	4.5		1					
12	12	11		1	1	4.5		1					
13	9	11		-2	2	-10		2					
14	9	13		-4	4	-19.5		4					
15	4	12		-8	8	-25		FALSE					
16	9	9		0	0	0		FALSE					
17	5	10		-5	5	-22		5					
18	9	12		-3	3	-15		3					
19	7	10		-3	3	-15		3					
20	12	12		0	0	0		FALSE					
21	10	12		-2	2	-10		2					
22	13	13		0	0	0		FALSE					
23	9	14		-5	5	-22		5					

图 20.2 阅读能力测验数据的 Wilcoxon 符号-秩检验

20.4 讨论

统计实践中的数据,根据其所含信息的丰富程度从低到高可分为四个等级,高级数据一定可以视为低级数据,反之则不然.这四个等级为:

(1) **分类数据**(nominal scale data)——如果数据仅仅表示类别,而无其他含义.如用 1 表示男性,0 表示女性,这里的 1 和 0 就是类别数据,对其进行运算或比较大小均无意义.

(2) **等级数据**(ordinal data)——如果数据仅仅表示一定的顺序或等级,而无指定数值或其数值并无数量上的含义.如我们用 3,2,1,0 分别表示学生某种能力的优、良、中、差四个等级,这里的 3,2,1,0 仅仅表示能力的高低,从而对其比较大小是有意义的,但是其数值没有数量上的意义,0 并非意味没有能力,3 与 2 的差和 1 与 0 的差虽然都是 1,但是这两个 1 显然含义是不同的.

(3) **等距数据**(interval scale data)——如果数据除了表示等级,其差距还有明确的数量含义,且相同差距表示相同的含义.如温度数据就是典型的等距数据,35 摄氏度与 30 摄氏度的差距和 5 摄氏度与 0 摄氏度的差距含义是一样的,但是要注意的是"30 摄氏度是 15 摄氏度的两倍"是没有意义的,即两个数据的比是没有意义的,因为温度测量中的 0 度并非意味着没有温度,即在等距数据中没有绝对的 0.

(4) **比率数据**(ratio data)——如果数据既是等距数据又有绝对(或固定)的 0 点.如体重、身高等数据就是典型的比率数据.对比率数据而言,任何两个数据的比是有意义的,如 30 公斤是 15 公斤的两倍.

注意 对于比率和等距数据,均值和标准差都是有意义的.

如果教育测验设计得足够精细(这通常是难以做到的),所得分数经过适当变换仍然可以看成等距甚至比率数据,从而常用的针对比率数据的检验方法仍然可以使用,如 t-检验等.

本实验中进行高级筛选时,可直接在"列表区域"中填入"$E$4:$E$33",也可先单击文本框后面的折叠按钮,然后在工作表中选取相应区域完成.特别注意:这里选取的是 E4:E33,

E4 的内容是"$|d|$"，而非数据，但由于是该行的开头字段，必须包含在"列表区域"中，否则将出现错误"提取区域中字段名丢失或非法"．事实上，如果"列表区域"的第一个单元格的值和结果将要复制到的区域的第一个单元格的值不相同就会出现这个错误．另外两个文本框的填写同"列表区域"．

请读者仿例 20.1 自己搜集数据，用 Excel 完成 Mann-Whitney U-检验．

实验二十一　含有虚拟变量的多元线性回归分析

21.1　实验原理

在实际建模过程中，因变量（被解释变量）不仅受到定量变量的影响，通常还受到定性变量的影响．例如，需要考虑性别、民族、文化程度、季节差异、不同时间段等因素的影响．这些因素也应该包括在实际模型中．

由于定性变量通常表示的是某种特征的有或无，所以量化方法可采用取值为 1 或 0．这种变量称做**虚拟变量**（dummy variable），用 D 表示．例如，中国成年人体重 y（单位：kg）与身高 x（单位：cm）的回归关系如下：

$$y=-100+x-5D=\begin{cases}x-105, & D=1(\text{男}),\\ x-100, & D=0(\text{女}).\end{cases}$$

这里 D 取 1 或 0 就分别表示男性或女性．虚拟变量可以看成在模型中新增加的自变量，对其回归系数的估计和检验方法与普通的定量变量相同．

注意　(1) 若定性变量含有 m 个类别，应引入 $m-1$ 个虚拟变量，否则会导致多重共线性，称做**虚拟变量陷阱**（dummy variable trap）．

(2) 关于定性变量中的哪个类别取 0，哪个类别取 1，是任意的，不影响检验结果．

(3) 定性变量中取值为 0 所对应的类别称做**基础类别**（base category）．

(4) 对于多于两个类别的定性变量可设一个虚拟变量，而对不同类别采取赋值不同的方法处理．比如，可用虚拟变量 D 赋值 1，0 和 -1 分别表示文化程度为大学、中学和小学．

21.2　实验目的和要求

实验目的　学习并初步掌握在 Excel 中建立含有虚拟变量的多元线性回归模型的方法．

具体要求　对含有属性变量的实际数据，在 Excel 中引入哑变量建立包含虚拟变量的多元线性回归模型；对模型进行改进优化，并把建立的模型与不含虚拟变量的回归模型进行比较；利用所建立的模型进行预测．

21.3　实验过程

例 21.1　图 21.1 给出了 1996 年 1 季度至 2000 年 4 季度我国季节 GDP 数据（数据来源于《中国统计年鉴》1998—2001）．根据表中数据回答下列问题：

(1) 用软件 Excel 建立 GDP 关于时间 t 以及季度虚拟变量 D_1，D_2 和 D_3 的多元线性回归模型，其中 D_1，D_2 和 D_3 分别是表征 1 季度，2 季度和 3 季度的虚拟变量，即

$$D_1=\begin{cases}1\ (1\text{ 季度数据}),\\ 0\ (2,3,4\text{ 季度数据}),\end{cases}\quad D_2=\begin{cases}1\ (2\text{ 季度数据}),\\ 0\ (1,3,4\text{ 季度数据}),\end{cases}\quad D_3=\begin{cases}1\ (3\text{ 季度数据}),\\ 0\ (1,2,4\text{ 季度数据}).\end{cases}$$

(2) 若只是建立 GDP 关于时间 t 的一元线性回归模型,效果如何?

(3) 利用上面建立的模型预测 2001 年 1 季度至 4 季度 GDP 的值.

	A	B	C	D	E	F
1	year	GDP	t	D1	D2	D3
2	1996.01	1.3156	1	1	0	0
3	1996.02	1.6600	2	0	1	0
4	1996.03	1.5919	3	0	0	1
5	1996.04	2.2210	4	0	0	0
6	1997.01	1.4686	5	1	0	0
7	1997.02	1.8495	6	0	1	0
8	1997.03	1.7972	7	0	0	1
9	1997.04	2.3620	8	0	0	0
10	1998.01	1.5899	9	1	0	0
11	1998.02	1.8832	10	0	1	0
12	1998.03	1.9704	11	0	0	1
13	1998.04	2.5118	12	0	0	0
14	1999.01	1.6784	13	1	0	0
15	1999.02	1.9405	14	0	1	0
16	1999.03	2.0611	15	0	0	1
17	1999.04	2.5254	16	0	0	0
18	2000.01	1.8173	17	1	0	0
19	2000.02	2.1318	18	0	1	0
20	2000.03	2.2633	19	0	0	1
21	2000.04	2.7280	20	0	0	0

图 21.1　1996 年 1 季度至 2000 年 4 季度我国季节 GDP 数据

解　(1) 利用 Excel 中的回归分析工具可建立的含有季度虚拟变量 D_1, D_2 和 D_3 的多元线性回归模型如图 21.2 所示:

	A	B	C	D	E	F	G
29							
30	回归统计						
31	Multiple R	0.9931					
32	R Square	0.9863					
33	Adjusted R	0.9827					
34	标准误差	0.0500					
35	观测值	20					
36							
37	方差分析						
38		df	SS	MS	F	Significance F	
39	回归分析	4	2.7005	0.6751	270.3959	8.801E-14	
40	残差	15	0.0375	0.0025			
41	总计	19	2.7380				
42							
43		Coefficients	标准误差	t Stat	P-value	Lower 95%	Upper 95%
44	Intercept	2.0922	0.0326	64.2274	1.0010E-19	2.0228	2.1617
45	t	0.0315	0.0020	15.9229	8.3327E-11	0.0272	0.0357
46	D1	-0.8013	0.0322	-24.9216	1.2751E-13	-0.8698	-0.7328
47	D2	-0.5137	0.0318	-16.1306	6.9301E-11	-0.5816	-0.4459
48	D3	-0.5014	0.0317	-15.8344	9.0188E-11	-0.5689	-0.4339

图 21.2　含有季度虚拟变量 D_1, D_2 和 D_3 的多元线性回归模型

所以 GDP 关于时间 t，D_1，D_2 和 D_3 的多元线性回归方程为

$$\text{GDP} = 2.0922 + 0.0315t - 0.8013D_1 - 0.5137D_2 - 0.5014D_3. \quad (21.1)$$

标准误差为 0.05，比较小；可决系数 $R^2=0.9863$，接近于 1，拟合优度较高. 诸回归系数均通过了 t-检验，都很显著，这由它们对应的 p 值均很小可以看出. 方差分析表中 F 统计量的 p 值为 8.801E-14，说明多元回归模型整体是非常显著的.

(2) 若只是建立 GDP 关于时间 t 的一元线性回归模型，类似(1)，可以使用数据分析工具，也可以利用 C 列中的时间 t 数据和 B 列中的 GDP 数据，画带数据点的散点图，再向该散点图添加趋势线的方法，并且选中“显示公式”和“显示 R 平方值”(参见实验十二). 得到的一元线性回归方程为 $\hat{y}=0.041x+1.543$，如图 21.3 所示，可决系数仅为 $R^2=0.399$，比上面(1)中的可决系数 $R^2=0.9863$ 小得多，说明拟合优度不高.

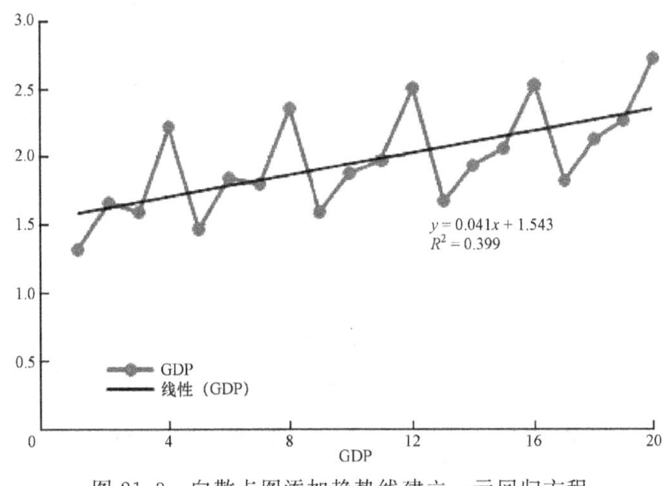

图 21.3　向散点图添加趋势线建立一元回归方程

(3) 利用上面建立的含有季度虚拟变量 D_1，D_2 和 D_3 的多元线性回归模型(即图 21.1)，预测 2001 年 1 季度至 4 季度 GDP 的值.

在单元格 B22 中输入命令“= $B$44+ $B$45 * C22+B46 * D22+ $B$47 * E22+ $B$48 * F22”，再拖放填充至 B25，则可得到 2001 年 1 季度至 4 季度 GDP 的预测值.

B23　fx　=$B$44+$B$45*C23+B47*D23+$B$47*E23+$B$48*F23

	A	B	C	D	E	F
19	2000.02	2.1318	18	0	1	0
20	2000.03	2.2633	19	0	0	1
21	2000.04	2.7280	20	0	0	0
22	2001.01	**1.9514**	**21**	**1**	**0**	**0**
23	2001.02	**2.2704**	**22**	**0**	**1**	**0**
24	2001.03	**2.3142**	**23**	**0**	**0**	**1**
25	2001.04	**2.8470**	**24**	**0**	**0**	**0**
26						
27						

=$B$44+$B$45*C22+B46*D22+$B$47*E22+$B$48*F22

=$B$44+$B$45*C25+B49*D25+$B$47*E25+$B$48*F25

图 21.4　利用含有季度虚拟变量 D_1，D_2 和 D_3 的多元线性回归模型进行预测

图21.5给出了利用上面建立的模型(图21.1)对2001年1季度至4季度GDP的预测值的图形展示,易见该模型较好的保持了原始数据呈季节性周期变化的趋势.

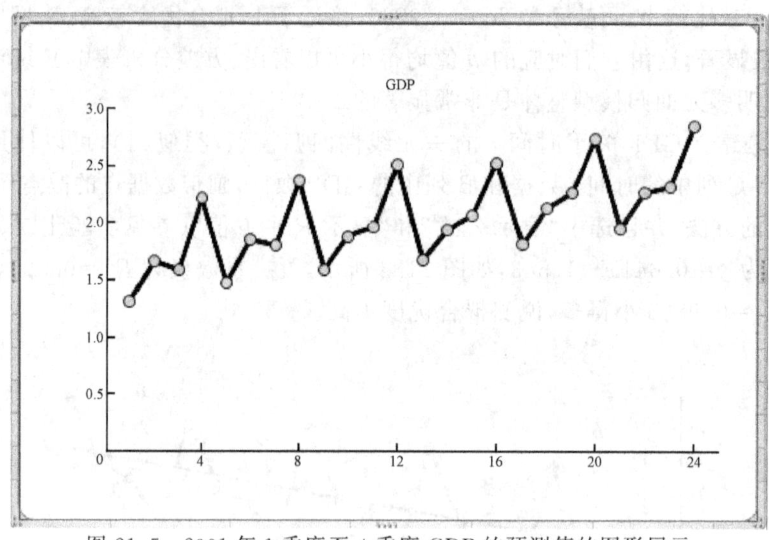

图21.5　2001年1季度至4季度GDP的预测值的图形展示

21.4　讨论

讨论题　中国进出口贸易总额数据(1950—1984)见表21.1.试引入虚拟变量D,建立贸易总额$Trade$关于时间$T=Time$和虚拟变量D的分时期的多元线性回归模型.

表21.1　中国进出口贸易总额数据(1950—1984)　　(单位:百亿元人民币)

年	*Trade*	*T*	*D*	$T*D$	年	*Trade*	*T*	*D*	$T*D$
1950	0.415	1	0	0	1968	1.085	19	0	0
1951	0.595	2	0	0	1969	1.069	20	0	0
1952	0.646	3	0	0	1970	1.129	21	0	0
1953	0.809	4	0	0	1971	1.209	22	0	0
1954	0.847	5	0	0	1972	1.469	23	0	0
1955	1.098	6	0	0	1973	2.205	24	0	0
1956	1.087	7	0	0	1974	2.923	25	0	0
1957	1.045	8	0	0	1975	2.904	26	0	0
1958	1.287	9	0	0	1976	2.641	27	0	0
1959	1.493	10	0	0	1977	2.725	28	0	0
1960	1.284	11	0	0	1978	3.550	29	1	29
1961	0.908	12	0	0	1979	4.546	30	1	30
1962	0.809	13	0	0	1980	5.638	31	1	31
1963	0.857	14	0	0	1981	7.353	32	1	32
1964	0.975	15	0	0	1982	7.713	33	1	33
1965	1.184	16	0	0	1983	8.601	34	1	34
1966	1.271	17	0	0	1984	12.010	35	1	35
1967	1.122	18	0	0					

提示　定义时期虚拟变量为

$$D=\begin{cases}0, & 1950—1977,\\ 1, & 1978—1984.\end{cases}$$

以时间 T 为解释变量，进出口贸易总额用 $Trade$ 表示，利用 Excel 中的回归分析工具可建立如下模型：

$$\begin{aligned}Trade &= 0.37+0.066\times T-33.96\times D+1.20T\times D\\ &=\begin{cases}0.37+0.066T, & (D=0,\quad 1950—1977),\\ -33.59+1.266T, & (D=1,\quad 1978—1984).\end{cases}\end{aligned}$$

上式说明，改革前后回归直线无论截距和斜率都发生了变化. 特别是 1978 年以后进出口贸易总额的年平均增长量较之前扩大了 1.266/0.066 倍(超过 19 倍还多). 两段时间(1950—1977 年和 1978—1984 年)的回归直线有不同的表达式，图 21.6 给出了回归方程的图形. 具体操作过程请读者讨论.

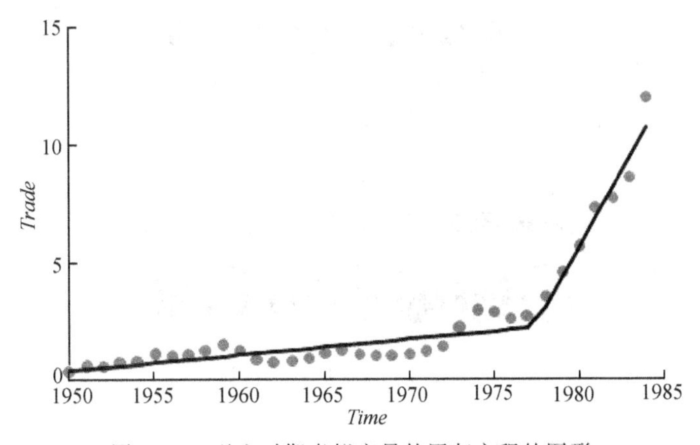

图 21.6　引入时期虚拟变量的回归方程的图形

实验二十二　双色球福利彩票中奖概率计算

22.1　实验原理

博彩是目前很多人喜爱的娱乐方式，社会上随处可见各式各样的体育彩票和福利彩票销售点. 很多彩民乐此不疲，都希望中大奖，然而运用概率论方法容易计算出买彩票中各等奖的概率. 计算结果表明，中奖概率、特别是中大奖的概率是非常小的，因此购买彩票要有平常心，期望值不能过高.

22.2　实验目的及要求

实验目的　了解双色球这种最为流行的福利彩票的博彩方式、中奖规则和概率计算.

具体要求　学习在 Excel 中如何计算双色球中各等奖的概率. 要求理解其计算原理，掌握计算方法，并对计算结果给出合理的分析解释.

22.3　实验过程

例 22.1　图 22.1 是一种名为“双色球”的福利彩票，每期开奖时从编号为 01,02,…,33

的红色球中不重复地随机摇出6个红色球中奖号码，再从编号为01,02,…,16的蓝色球中随机摇出1个蓝色球中奖号码(见图22.2).购买彩票者事先选择6个不同的红色球号和一个蓝色球号作为一注进行博彩.求任买一张该彩票能中各种等级奖的概率.

解　中奖规则如下：

一等奖：中6个红球号及1个蓝球号(6+1)；

二等奖：中6个红球号(6+0)；

三等奖：中5个红球号及1个蓝球号(5+1)；

四等奖：中5个红球号，或者中4个红球号及1个蓝球号(5+0或4+1)；

五等奖：中4个红球号，或者中3个红球号及1个蓝球号(4+0或3+1)；

六等奖：在其余情形下，中1个蓝球号(2+1或1+1或0+1).

图22.1　双色球彩票投注

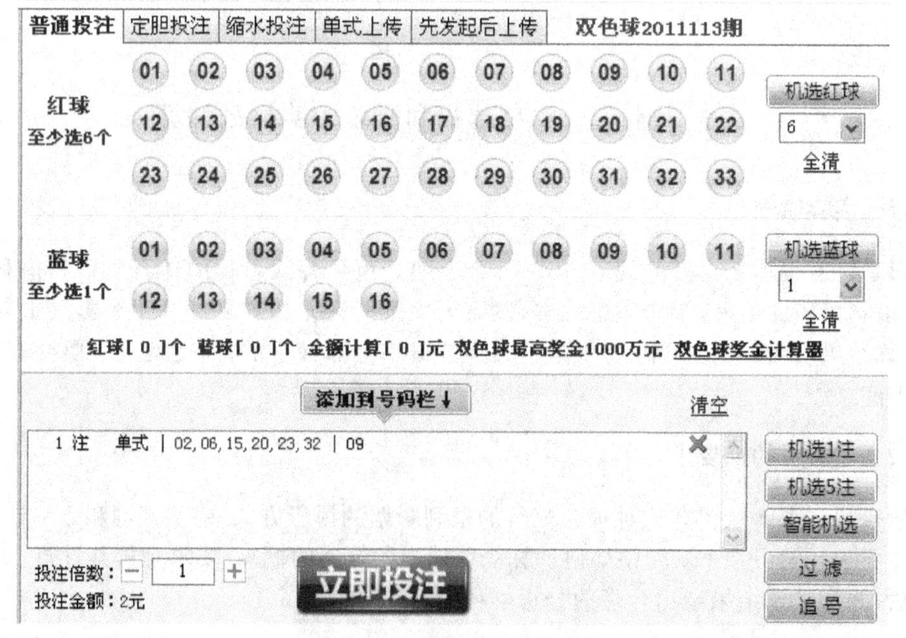

图22.2　双色球彩票投注界面

由购买彩票时选号的随机性、有限性和等可能性显然满足，故买彩票中奖的概率显然属于古典概率. 根据开奖结果,我们把每期的红球号分为 6 个中奖号和 27 个无用号两部分;再把蓝球号分为 1 个中奖号和 15 个无用号两部分. 因为买彩票时是不重复地选 6 个红球号和 1 个蓝球号,故样本空间含有 $C_{33}^{6}C_{16}^{1}$ 个样本点. 每一张彩票的 6 个红球号和 1 个蓝球号总是在这四类号码中选取,按照乘法原理、加法原理以及中奖规则,设事件

$$A_i = \{\text{任买一张彩票中 } i \text{ 等奖}\}, \quad i = 1,2,\cdots,6,$$

则 A_i 所包含的样本点数分别为:

一等奖:$C_6^6C_1^1$,记为 m_1;

二等奖:$C_6^6C_{15}^1$,记为 m_2;

三等奖:$C_6^5C_{27}^1C_1^1$,记为 m_3;

四等奖:$C_6^5C_{27}^1C_{15}^1 + C_6^4C_{27}^2C_1^1$,记为 m_4;

五等奖:$C_6^4C_{27}^2C_{15}^1 + C_6^3C_{27}^3C_1^1$,记为 m_5;

六等奖:$(C_{33}^6 - C_6^6 - C_6^5C_{27}^1 - C_6^4C_{27}^2 - C_6^3C_{27}^3)C_1^1$,记为 m_6.

则所求概率为

$$P(A_i) = \frac{m_i}{C_{33}^6C_{16}^1}, \quad i = 1,2,\cdots,6.$$

这个概率计算涉及很多组合运算,建议利用 Excel 来计算. 在 Excel 中,组合数 C_n^k(也记为 $\begin{bmatrix} n \\ k \end{bmatrix}$),可用函数命令"=COMBIN(n,k)"算出,具体的各等级中奖注数以及中奖概率,如图 22.3 所示.

	A	B	C	D	E	F	G	H
1	中奖等级	一	二	三	四	五	六	合计
2	中奖注数	1	15	162	7695	137475	1043640	1188988
3	中奖概率	0.0000056%	0.0000846%	0.0009142%	0.0434228%	0.7757707%	5.8892547%	6.7094526%

图 22.3　双色球彩票中奖注数和中奖概率

由计算结果可以看出,买双色球彩票中奖概率是很低的,总的中奖概率约为 6.7%,也即不中奖的概率约为 93.3%,其他类型的彩票也大致如此,所以购买彩票要有平常心.

22.4　讨论

利用上面给出的方法讨论下面两个问题:

(1) 可利用概率方法计算各种彩票中奖概率并进行对比.

(2) 一种福利彩票称为"幸福 35 选 7",请在网络上查询该种彩票中奖规则并计算出中各等奖的概率.

实验二十三　二分法求方程近似根

23.1　实验原理

使得 $f(x)=0$ 成立的实数 x 叫做方程 $f(x)=0$ 的根,同时也是函数 $y=f(x)$ 的零点. 对于在区间$[a,b]$上连续且 $f(a)\cdot f(b)<0$ 的函数 $y=f(x)$,通过不断地把函数 $f(x)$的零点所

在的区间一分为二,使区间的两端点逐步逼近零点,进而得到零点(或对应方程的根)近似值的方法叫做**二分法**.用二分法求方程的近似根,实质上就是通过"取中点"的方法,运用"逼近"思想逐步缩小函数零点所在的区间.

一般地,对于给定精确度 ε,用二分法求方程 $f(x)=0$ 根的近似值的具体步骤如下:

(1) 确定函数零点所在区间 $[a,b]$,验证 $f(a)\cdot f(b)<0$.

(2) 求区间 (a,b) 的中点 $x_1=\dfrac{a+b}{2}$.

(3) 计算 $f(x_1)$,如果 $f(x_1)=0$,则 x_1 就是方程的根;如果 $f(a)\cdot f(x_1)<0$,则令 $b=x_1$,此时零点 $x_0\in(a,x_1)$;如果 $f(a)\cdot f(x_1)>0$,则令 $a=x_1$,此时零点 $x_0\in(x_1,b)$.

(4) 判断是否达到精度 ε:若 $|a-b|<\varepsilon$,则得到零点近似值 a(或 b),否则重复上述步骤(2)～(4).

23.2　实验目的及要求

实验目的　理解二分法求方程的近似根的原理.

具体要求　能够熟练运用 Excel 求解方程的近似根.

23.3　实验过程

为了说明运用二分法求方程近似根的过程,我们通过一个实例来进行讲解.

例 23.1　用二分法求解方程 $2^x+3x=8$ 的近似根(精确度 0.1).

解　该问题等价于求函数 $f(x)=2^x+3x-8$ 的零点.首先初选方程近似解所在的区间 $[a,b]$,为此计算 $f(0),\cdots,f(6)$.如图 23.1 所示,在单元格 A2 内输入起始值 0,单击【编辑】/【填充】/【系列】,在出现的对话框中选择序列产生在"列","等差序列"类型,输入步长为"1",终止值为"6"到相应选项,就可以在单元格区域 A2:A8 中顺序产生 x 的取值序列 0,1,2,…,6.对于单元格区域 A2:A8 中任意一个单元格中 x 的取值,其右侧(B 列)对应的单元格内为相应函数 $f(x)$ 的值.在单元格 B2 内输入计算公式"=2^A2+3*A2-8",再利用拖放填充功能将单元格 B2 内的计算公式复制到整个单元格区域 B2:B8 中,自动计算出所有 $f(x)$ 的取值.

	A	B	C	D
1	x	f(x)		
2	0	-7	=2^A2+3*A2-8	
3	1	-3		
4	2	2		
5	3	9		
6	4	20		
7	5	39		
8	6	74		

图 23.1　初选近似解区间

由函数值表可知,$f(1)<0$,$f(2)>0$,则 $f(1)\cdot f(2)<0$,所以函数 $f(x)$ 在区间 $[1,2]$ 内有一个零点 x_0,这说明原方程的近似根在区间 $[1,2]$ 内.下面以 $[1,2]$ 为初选区间,应用二分法求方程近似根.

如图 23.2 所示，在 A2，B2 中分别输入初选区间值“1”和“2”. C 列为区间中点对应的函数值，在单元格 C2 中输入计算公式“＝2^((A2＋B2)/2)＋3＊(A2＋B2)/2－8”. D 列为左端点函数值，在单元格 D2 中输入计算公式“＝2^A2＋3＊A2－8”. E 列为右端点函数值，在单元格 E2 中输入计算公式“＝2^B2＋3＊B2－8”. F 列为方程的近似根，在单元格 F2 中输入计算公式“＝IF(ABS(B2－A2)＜0.1，A2，“继续”)”. 可以看出，如果区间长度满足精度要求(＜0.1)，就以该区间左端点为方程近似根. 选中 F2，单击鼠标右键，依次单击:【设置单元格格式】/【数字】/【数值】，在小数位数栏内填入 3，单击【确定】，将近似根设置成保留小数点后三位.

在 A3 中输入计算公式“＝IF(C2＊D2＜0，A2，(A2＋B2)/2)”. 在 B3 中输入计算公式“＝IF(A3＜＞A2，B2，(A2＋B2)/2)”. 选定 C2，将鼠标(空心十字)移动到 C2 单元格中，按住左键拖至 F2，再将鼠标(空心十字)移动到 F2 的右下角，出现实心十字，按住左键拖到下一行，则 C3 到 F3 的内容自动填入.

选定 A3，将鼠标(空心十字)移动到 A3 单元格中，按住左键拖至 F3，再将鼠标(空心十字)移动到 F3 的右下角，出现实心十字，按住左键往下拖至第 6 行. 结果如图 23.2 所示，所求方程的近似根为 1.625.

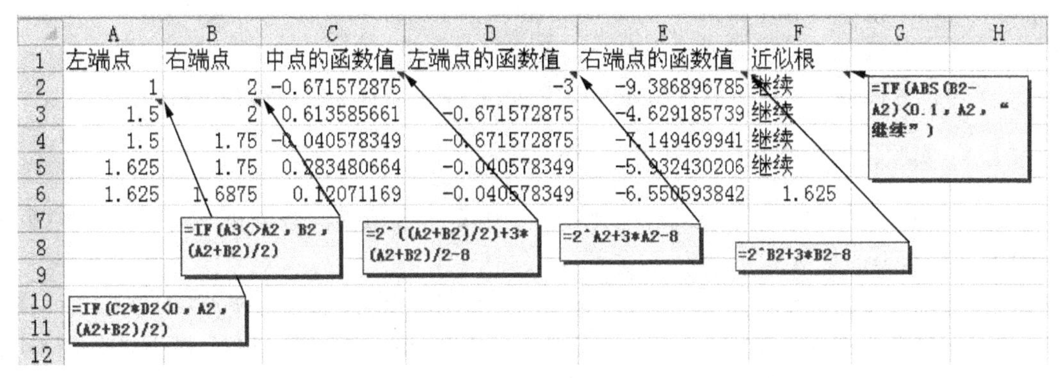

	A	B	C	D	E	F	G	H
1	左端点	右端点	中点的函数值	左端点的函数值	右端点的函数值	近似根		
2	1	2	-0.671572875	-3	-9.386896785	继续		
3	1.5	2	0.613585661	-0.671572875	-4.629185739	继续		
4	1.5	1.75	-0.040578349	-0.671572875	-7.149469941	继续		
5	1.625	1.75	0.283480664	-0.040578349	-5.932430206	继续		
6	1.625	1.6875	0.12071169	-0.040578349	-6.550593842	1.625		

图 23.2　用二分法求方程的近似根

对于求解其他方程的近似根，只需改动单元格区域 A2:F2 中区间端点、函数式和精确度要求，其他单元格将自动进行相应改变. 因二分法收敛较慢，将上述过程中最后一步每次往下拖十行，直至出现满足要求的近似根为止.

23.4　讨论

如果将二分法改为黄金分割法，即将上面解法中的区间中点改为中偏右的黄金分割点——大约处于距左端点 0.618 倍区间长的位置，应如何修改 Excel 中的计算过程？这样修改后得到方程近似根的速度会不会加快？试举例说明.

实验二十四　学生成绩快速统计分析程序

24.1　实验原理

在学校教学工作中，批改试卷、统计考试成绩以及编写质量分析报告等往往是重复性很高的烦琐工作. 当今时代，计算机使用已经非常普遍，很多这样的工作都可以交给计算机来做. 对人来说很复杂、琐碎的任务，计算机却能轻松完成，并且速度和准确性都可得到充分保证.

当批改期末考试试卷时，教师要将每份试卷上各个大题的分数相加，得到每个学生的期末考试成绩，再结合平时成绩(通常由作业、实验、考勤和期中成绩等确定)及各自所占的百分比，计算出每个学生的总评成绩.实际中，往往还要对试卷和考试情况作更深入的研究，客观地进行评价，编写课程教学质量分析报告.这时候通常还要统计试卷上每个大题的最高分、最低分、平均分、难度系数，该门课程的及格人数、及格率，再按分数段统计学生人数、所占比例等，这样才能达到教学统计的规范化要求.如近年来，教育部对有关高校进行教学评估时，就是这样要求的.

本实验利用 Excel 的多种函数、公式和作图工具编制了一个分析处理考试成绩数据的教师个人专用程序.程序不大，但完整、实用，能大大减轻教师的工作量.该程序的优点：

(1) 自动加分计算期末卷面成绩和总评成绩，其中学生人数，期末成绩、平时成绩所占的比例等均能动态调整；

(2) 不及格分数自动用红色数字显示；

(3) 自动统计全部试卷中各大题的最高分、最低分、平均分和难度系数；

(4) 对期末成绩和总评成绩，按分数段统计学生人数、所占百分比和及格率；

(5) 按分数段自动画出期末成绩和总评成绩的柱形图；

(6) 表格和图形可直接复制到相关文档中，供教师编写质量分析报告使用.

24.2　实验目的及要求

实验目的　通过本实验学会综合运用 Excel 中多个常用函数命令和公式，学会将它们相互关联，有机组合的方法.

具体要求　学会灵活使用对单元格的绝对引用、相对引用、求和函数 SUM、非空单元格计数函数 COUNTA、条件计数函数 COUNTIF、条件求和、最大值函数 MAX、最小值函数 MIN、均值函数 AVERAGE 以及指定偏移量返回单元格区域引用函数 OFFSET 等.学习对单元格设置条件格式，如不及格分数用红字显示等，特别是将动态单元格区域定义为名称并将其应用于程序中公式编写是一个重要而实用的一个技巧，应该熟练掌握.

在学会程序编写后，考虑如何将其推广、扩充，加入更多的选项以适应于不同的场合.

24.3　实验过程

本实验涉及多个函数命令的编写及组合，为节省篇幅，我们利用对单元格的批注来对函数命令加以说明，见后面的图 24.2.请读者仔细体会其中各条命令的含义.

在一个编制好的统计分析表的空表中依次输入每个学生的学号、姓名(也可以不输入学号，但姓名必须输入)，再录入该生试卷上各个大题的得分和平时成绩，设定好平时成绩所占的比例，把每个大题的满分填入指定位置(“满分”右边的六个阴影单元格)，其余的工作该程序就会自动完成.简言之，教师要做的事情就是填写表中阴影部分的内容.填写过程中表格右边中的数据和图形都会随着新输入数据的增加而发生相应变化.

填写完成后得到的统计分析结果如图 24.1 所示.当然，该程序是经过细心设计的，其中包含了 Excel 中多个常用函数命令和公式，它们相互关联，有机组合.对“期末卷面成绩”和“总评成绩”单元格区域的格式作了设置，使得该区域中不及格分数用红字标出.这只要做如下操作

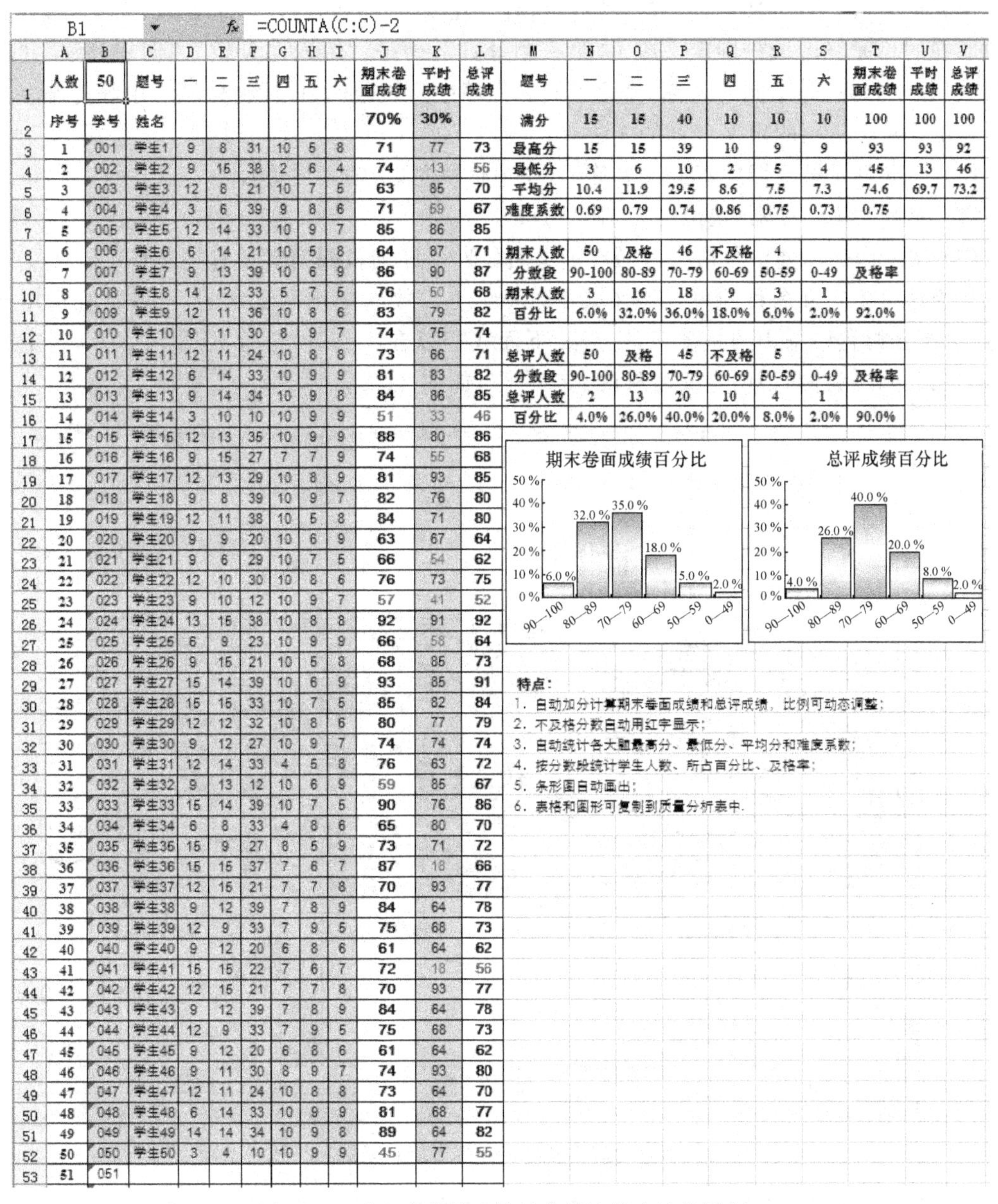

B1　=COUNTA(C:C)-2

	A	B	C	D	E	F	G	H	I	J	K	L
1	人数	50	题号	一	二	三	四	五	六	期末卷面成绩	平时成绩	总评成绩
2	序号	学号	姓名							70%	30%	
3	1	001	学生1	9	8	31	10	5	8	71	77	73
4	2	002	学生2	9	15	38	2	6	4	74	13	56
5	3	003	学生3	12	8	21	10	7	5	63	85	70
6	4	004	学生4	3	6	39	9	8	6	71	59	67
7	5	005	学生5	12	14	33	10	9	7	85	86	85
8	6	006	学生6	6	14	21	10	5	8	64	87	71
9	7	007	学生7	9	13	39	10	6	9	86	90	87
10	8	008	学生8	14	12	33	5	7	5	76	50	68
11	9	009	学生9	12	11	36	10	8	6	83	79	82
12	10	010	学生10	9	11	30	8	9	7	74	75	74
13	11	011	学生11	12	11	24	10	8	8	73	66	71
14	12	012	学生12	6	14	33	10	9	9	81	83	82
15	13	013	学生13	9	14	34	10	9	8	84	86	85
16	14	014	学生14	3	10	10	10	9	9	51	33	46
17	15	015	学生15	12	13	35	10	9	9	88	80	86
18	16	016	学生16	9	15	27	7	7	9	74	55	68
19	17	017	学生17	12	13	29	10	8	9	81	93	85
20	18	018	学生18	9	8	39	10	9	7	82	76	80
21	19	019	学生19	12	11	38	10	5	8	84	71	80
22	20	020	学生20	9	9	20	10	6	9	63	67	64
23	21	021	学生21	9	6	29	10	7	5	66	54	62
24	22	022	学生22	12	10	30	10	8	6	76	73	75
25	23	023	学生23	9	10	12	10	9	7	57	41	52
26	24	024	学生24	13	15	38	10	8	8	92	91	92
27	25	025	学生25	6	9	23	10	9	9	66	58	64
28	26	026	学生26	9	15	21	10	5	8	68	85	73
29	27	027	学生27	15	14	39	10	6	9	93	85	91
30	28	028	学生28	15	15	33	10	7	5	85	82	84
31	29	029	学生29	12	12	32	10	8	6	80	77	79
32	30	030	学生30	9	12	27	10	9	7	74	74	74
33	31	031	学生31	12	14	33	4	5	8	76	63	72
34	32	032	学生32	9	13	12	10	6	9	59	85	67
35	33	033	学生33	15	14	39	10	7	5	90	76	86
36	34	034	学生34	6	8	33	4	8	6	65	80	70
37	35	035	学生36	15	9	27	8	5	9	73	71	72
38	36	036	学生36	15	15	37	7	6	7	87	18	66
39	37	037	学生37	12	15	21	7	7	8	70	93	77
40	38	038	学生38	9	12	39	7	8	9	84	64	78
41	39	039	学生39	12	9	33	7	9	5	75	68	73
42	40	040	学生40	9	12	20	6	8	6	61	64	62
43	41	041	学生41	15	15	22	7	6	7	72	18	56
44	42	042	学生42	12	15	21	7	7	8	70	93	77
45	43	043	学生43	9	12	39	7	8	9	84	64	78
46	44	044	学生44	12	9	33	7	9	5	75	68	73
47	45	045	学生45	9	12	20	6	8	6	61	64	62
48	46	046	学生46	9	11	30	8	9	7	74	93	80
49	47	047	学生47	12	11	24	10	8	8	73	64	70
50	48	048	学生48	6	14	33	10	9	9	81	68	77
51	49	049	学生49	14	14	34	10	9	8	89	64	82
52	50	050	学生50	3	4	10	10	9	9	45	77	55
53	51	051										

	M	N	O	P	Q	R	S	T	U	V
1	题号	一	二	三	四	五	六	期末卷面成绩	平时成绩	总评成绩
2	满分	15	15	40	10	10	10	100	100	100
3	最高分	15	15	39	10	9	9	93	93	92
4	最低分	3	6	10	2	5	4	45	13	46
5	平均分	10.4	11.9	29.5	8.6	7.5	7.3	74.6	69.7	73.2
6	难度系数	0.69	0.79	0.74	0.86	0.75	0.73	0.75		
7										
8	期末人数	50	及格	46	不及格	4				
9	分数段	90-100	80-89	70-79	60-69	50-59	0-49	及格率		
10	期末人数	3	16	18	9	3	1			
11	百分比	6.0%	32.0%	36.0%	18.0%	6.0%	2.0%	92.0%		
12										
13	总评人数	50	及格	45	不及格	5				
14	分数段	90-100	80-89	70-79	60-69	50-59	0-49	及格率		
15	总评人数	2	13	20	10	4	1			
16	百分比	4.0%	26.0%	40.0%	20.0%	8.0%	2.0%	90.0%		

特点：
1. 自动加分计算期末卷面成绩和总评成绩，比例可动态调整；
2. 不及格分数自动用红字显示；
3. 自动统计各大题最高分、最低分、平均分和难度系数；
4. 按分数段统计学生人数、所占百分比、及格率；
5. 条形图自动画出；
6. 表格和图形可复制到质量分析表中.

图 24.1　学生成绩快速统计分析演算表演算样例

即可：先选中要设置这种格式的单元格区域，在【开始】界面中单击【数字】功能区右下角箭头，然后在弹出的【设置单元格格式】对话框【数字】分类选项卡中选择【自定义】，然后输入“[红色][=0]0;[红色][<60]♯;♯”即可完成，其含义请读者查阅 Excel 相关文献. 接着对各列数据区域分别定义不同的名称并应用于程序中公式的编写，最后使用图表工具绘制条形图，再经过修饰美化，才得到图 24.1 的效果.

将动态单元格区域定义名称并应用于程序中公式编写是本分析程序的一个亮点. 在Excel中使用事先定义的名称有很多优点：可以简化公式的编辑；可以增强公式的可读性；可以用名称代替公式中重复出现的部分；可以代替对单元格区域的引用等. 在 Excel 中名称可以代表一

定的单元格区域、常量、文本、公式等.本分析程序把每个大题分数、期末分数、期中分数、总评分数所在的单元格区域分别定义成了“第一题分数”、……、“第六题分数”、“期末分数”、“期中分数”、“总评分数”等不同的名称,简化了其后程序中公式编辑、单元格区域引用等工作.

在 Excel 中常用的定义名称的方法有:

(1) 选定单元格区域后直接在名称框(在编辑栏左边)输入名称;

(2) 使用名称管理器(快捷键 Ctrl+F3);

(3) 在工作表界面中单击【公式】/【定义名称】等(详细过程请参考有关文献).

因为这里要定义名称的单元格区域是随着学生人数的变化而变化的,所以不宜采用第一种方法,本分析程序采用的是第三种方法.下面我们以在工作表“程序说明”中将 D 列定义名称“第一题分数”为例,说明定义名称的具体过程,如图 24.2 所示.

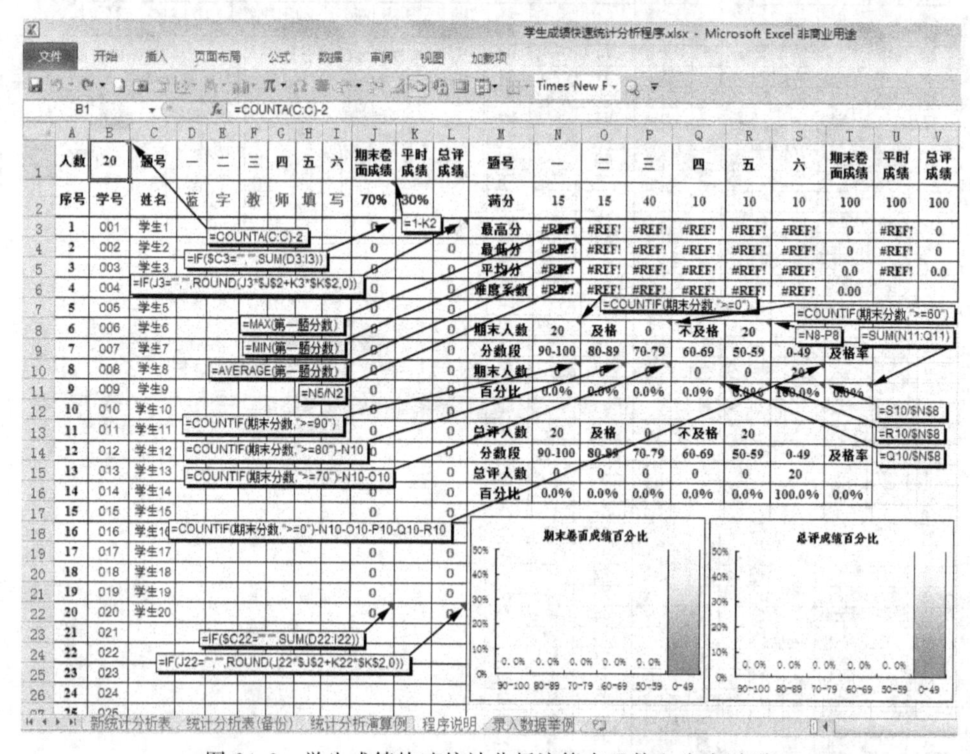

图 24.2 学生成绩快速统计分析演算表函数和公式说明

在工作表“程序说明”中单击【公式】/【定义名称】,接着在返回的“新建名称”对话框(图 24.3)中输入名称“第一题分数”,范围选择“程序说明”工作表,在引用位置处输入公式

“=OFFSET(程序说明!$D$3,0,0,COUNTA(程序说明!$D:$D)-2,1)”,

这里 OFFSET 引用了 D3 及以下的非空单元格区域,函数 COUNTA 确定 D 列中非空单元格的个数,由于 D 列中第一行、第二行为标题,故计算结果减 2.函数 OFFSET 的语法格式为

OFFSET(reference,rows,cols,height,width),

其含义为以 reference 的左上角单元格为基准,行和列分别偏移 rows 和 cols 确定一个单元格,再返回一个以后者为左上角单元格的,行数和列数分别为 height 和 width 的单元格区域的引用.

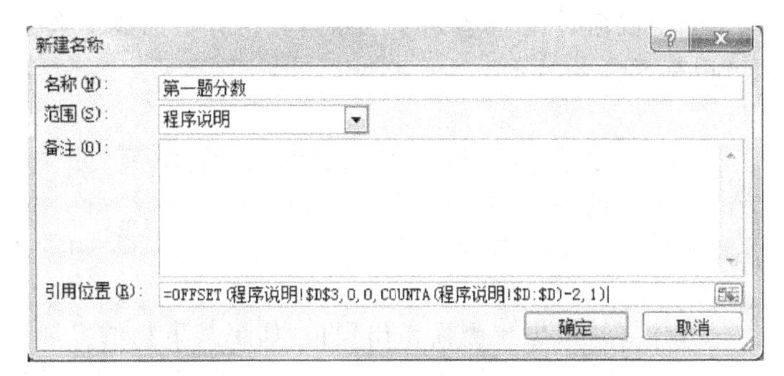

图 24.3　定义 D 列数据区域为名称"第一题分数"

同理可把其他几个大题分数、期末、平时及总评成绩所在的单元格区域定义为不同的名称：

"第二题分数"=OFFSET(程序说明！$E$3,0,0,COUNTA(程序说明！$E:$E)-2,1)；

……

"第六题分数"=OFFSET(程序说明！$I$3,0,0,COUNTA(程序说明！$I:$I)-2,1)；

"期末分数"=OFFSET(程序说明！$J$3,0,0,COUNTA(程序说明！$J:$J)-2,1)；

"平时分数"=OFFSET(程序说明！$K$3,0,0,COUNTA(程序说明！$K:$K)-2,1)；

"总评分数"=OFFSET(程序说明！$L$3,0,0,COUNTA(程序说明！$L:$L)-1,1).

在图 24.2 中用批注的形式详细说明了本统计分析程序的结构和计算公式，请读者仔细体会这些公式的含义和相互联系. 在右上角的表格中重点说明了对第一题分数的分析计算公式. 对其他各个大题分数、期末分数、期中分数、总评分数的分析计算公式类似.

同样，在图 24.2 右边第二个表格中详细说明了对期末成绩的统计分析过程，而对总评成绩的统计分析完全类似，相应公式请读者自己写出.

24.4　讨论

建议使用编制好的统计分析表之前复制一个备份文件，当使用过程中出现意外情况时可启用备份文件. 复制的方法是在 Excel 界面中依次单击【开始】/【格式】/【移动或复制工作表】，对出现的新工作表命名保存即可.

本统计分析程序容易进行扩充以适应各种要求，只要清楚它的结构，修改起来就很方便. 例如，现在有的学校上大课，学生人数很多，假设有 200 人，只要同时选中图 24.2 中最后一行学生数据资料所在的单元格区域 A22:L22，把鼠标移到该区域的右下角，待出现实心十字后拖放填充至 A202:L202 放开，这时的统计分析表就可以分析处理 200 个学生的成绩数据了. 相反的，如果学生人数很少，则把多余的行删除即可.

又如试卷有八个大题，那么可以在大题分数所在列之间(如 F 列和 G 列之间)插入两列，再修改题号，录入相应的分数数据就可以和上面一样进行统计分析，当然，右边的 P 列和 Q 列之间也要插入两列作相应的调整. 反之，若试卷只有四个大题，则统计分析表不需要进行任何调整，输入成绩数据的时候只需使用前四列(D 列至 G 列)，后两列(H 列和 I 列)空着即可.

还可以在平时成绩所在列(K 列)的右边插入一列来单独记录期中考试成绩，这时期末成绩、平时成绩和期中成绩各自所占的比例要作调整，总评成绩的计算公式也要相应变化.

另外，在最后确定学生成绩时，常常要对个别接近及格分数的成绩数据进行调整，使用本统计分析程序对此就很有帮助.

实验二十五 马尔可夫链预测

25.1 实验原理

科学的任务之一是预测，并根据预测而作出预报. 如果某事物的发展过程完全是确定性的，而且发展规律已被认识，那么人们便能根据此规律作出准确的预报. 遗憾的是几乎一切事物都具有偶然性，只是程度不同而已. 对事物的全面预测，不仅要能够指出事物发生的各种可能结果，而且还必须给出每一种结果出现的概率，说明被预测的事物在预测期内出现每一种结果的可能性程度.

独立随机试验模型最直接的推广就是马尔可夫链模型. 马尔可夫预测法是根据事物的目前状况来预测其将来各个时刻(或时期)变动状况的一种预测方法，也就是说，马尔可夫预测法是利用状态转移概率来研究某一事物在预测时期发生的可能程度的一种预测方法，它应用马尔可夫链的基本原理和方法来预测事物未来的变化趋势. 至今它的理论已发展得较为系统和深入，在自然科学、工程技术及经济管理领域中有着广泛的应用.

一、基本概念

1. 状态

在马尔可夫预测中，"状态"是一个重要的术语. 所谓**状态**，就是指某一事件在某个时刻(或时期)出现的某种结果. 一般而言，随着所研究的事物及其预测的目标不同，状态可以有不同的划分方式. 譬如，在商品销售预测中，有"畅销"、"一般"、"滞销"等状态；在农业收成预测中，有"丰收"、"平收"、"欠收"等状态；在人口构成预测中，有"婴儿"、"儿童"、"少年"、"青年"、"中年"、"老年"等状态.

2. 状态转移过程

在事物的发展过程中，从一种状态转变为另一种状态，就称为**状态转移**. 事物的发展，随着时间的变化而变化所作的状态转移，或者说状态转移与时间的关系，就称为**状态转移过程**.

3. 马尔可夫链

若随机过程$\{X(t),t\in T\}$，其中时间 $T=\{0,1,\cdots\}$，状态空间 $I=\{0,1,\cdots\}$. 若对任意时刻 n，以及任意状态 $i_0,i_1,\cdots,i_{n-1},i,j$，有

$$\begin{aligned}P(X(n+1)=j\mid X(n)=i,X(n-1)=i_{n-1},\cdots,X(1)=i_1,X(0)=i_0)\\=P(X(n+1)=j\mid X(n)=i),\end{aligned}$$

则称$\{X(t),t\in T\}$为**马尔可夫链**，简称**马氏链**，记为$\{X(n),n\in\mathbf{N}\}$.

4. 转移概率

称 $P(X(n+1)=j\mid X(n)=i)$为时刻 n 的**一步转移概率**，记为 $p_{ij}(n)$. 矩阵

$$P_1 = \begin{bmatrix} p_{00}(n) & p_{01}(n) & \cdots \\ p_{10}(n) & p_{11}(n) & \cdots \\ \cdots & \cdots & \cdots \\ p_{n0}(n) & p_{n1}(n) & \cdots \\ \cdots & \cdots & \cdots \end{bmatrix}$$

称为**一步转移矩阵**.

如果马氏链的一步转移概率 $p_{ij}(n)$与 n 无关,即 $P(X(n+1)=j \mid X(n)=i)=p_{ij}$,则称此马氏链为**齐次马氏链**(即关于时间为齐次).

称 $P(X(n+m)=j \mid X(m)=i), i,j\in I$ 为 n **步转移概率**,若马氏链是齐次的,记转移概率为 $p_{ij}^{(n)}$,称矩阵 $P_n=(p_{ij}^{(n)})$为 n **步转移概率矩阵**. n 步转移概率矩阵 P_n 与一步转移矩阵 P_1 的关系是 $P_n=P_1^n$.

5. 分布

初始分布　马氏链在初始时刻有可能处于 I 中任一状态,初始分布就是马氏链在初始时刻的概率分布,即 $p_0(i)=P(X_0=i), i\in I$.

绝对分布　概率分布 $p_n(i)=P(X_n=i), i\in I, n\in \mathbf{N}$ 称为马氏链的**绝对分布**. 若绝对分布 $p_n(i)$与 n 无关,即 $p(i)=P(X_n=i), i\in I, n\in \mathbf{N}$,则称$\{p(i), i\in I\}$为马氏链$\{X(n), n\in \mathbf{N}\}$的**定态分布**. 若记 $P(n)=(p_n(1), p_n(2), \cdots, p_n(s)), I=\{1,2,\cdots,s\}$,则 $P(n)=P(0)P_n$(在时刻 n,各状态的概率等于其初始状态的概率与 n 步转移概率矩阵之积). 若马氏链是齐次的,则有 $P(n)=P(0)P_1^n$.

二、马尔可夫预测的基本原理

设马氏链$\{X_n, n\in \mathbf{N}\}$的状态空间为 I,若对一切 $i,j\in I$,存在不依赖于 i 的 $\pi(j)$,使得

$$\lim_{n\to\infty} p_{ij}^{(n)} = \pi(j).$$

则称此马氏链具有**遍历性**(不论从哪一个状态 i 出发,当转移的步数 n 充分大时,转移到状态 j 的概率都接近于 $\pi(j)$).

定理 25.1　设马氏链$\{X_n, n\in \mathbf{N}\}$的状态空间为 $I=\{1,2,\cdots,s\}$,如果存在正整数 n_0,使得任意 $i,j\in I$,都有 $p_{ij}^{(n_0)}>0$,则此马氏链是遍历的,且 $\lim\limits_{n\to\infty} p_{ij}^{(n)}=\pi(j)$中的 $\pi(j)$是方程组

$$\pi(j) = \sum_{i=1}^{s} \pi(i) p_{ij}, \quad j = 1,2,\cdots,s$$

满足条件

$$\pi(j) > 0, \quad \sum_{j=1}^{s} \pi(j) = 1$$

的唯一解($\pi(j)$称为**平稳分布**).

证明　这里只给出算法. 上式方程组有 s 个变量, $s+1$ 个方程,因此可以删除其中的一个方程. 若删除第 s 方程,并且进行移项整理,可得

$$\begin{cases} (p_{11}-1)\pi(1) + p_{21}\pi(2) + \cdots + p_{s1}\pi(s) = 0, \\ p_{12}\pi(1) + (p_{22}-1)\pi(2) + \cdots + p_{s2}\pi(s) = 0, \\ \cdots\cdots\cdots\cdots \\ p_{1(s-1)}\pi(1) + p_{2(s-1)}\pi(2) + \cdots + (p_{s(s-1)}-1)\pi(s) = 0, \\ \pi(1) + \pi(2) + \cdots + \pi(s) = 1. \end{cases}$$

解此方程组得

$$\begin{bmatrix} \pi(1) \\ \pi(2) \\ \vdots \\ \pi(s-1) \\ \pi(s) \end{bmatrix} = \begin{bmatrix} p_{11}-1 & p_{21} & \cdots & p_{s1} \\ p_{12} & p_{22}-1 & \cdots & p_{s2} \\ \vdots & \vdots & \vdots & \vdots \\ p_{1s-1} & p_{2s-1} & \cdots & p_{ss-1}-1 \\ 1 & 1 & \cdots & 1 \end{bmatrix}^{-1} \begin{bmatrix} 0 \\ 0 \\ \vdots \\ 0 \\ 1 \end{bmatrix}.$$

25.2 实验目的及要求

实验目的 理解马尔可夫链模型,初步掌握马尔可夫链预测的方法和步骤.

具体要求 能够根据研究对象目前所处状态分析其将来各个时刻(或时期)变动状况,计算相关的转移概率和转移概率矩阵,应用马尔可夫链的基本原理和方法来预测事物未来的变化趋势并给出预测结果.

25.3 实验过程

例 25.1(市场占有率预测) 设某地有 5960 户居民,某食品只有 A,B,C,D 四个厂家在该地销售.经调查 3 月份买 A,B,C,D 四厂产品的户数分别为 2344,1758,1272,586.4 月份里,原买 A 的有 234 户转买 B 厂产品,有 211 户转买 C 厂产品,有 258 户转买 D 厂产品;原买 B 的有 88 户转买 A 厂产品,有 167 户转买 C 厂产品,有 331 户转买 D 厂产品;原买 C 的有 57 户转买 A 厂产品,有 54 户转买 B 厂产品,有 120 户转买 D 厂产品;原买 D 的有 47 户转买 A 厂产品,有 41 户转买 B 厂产品,有 29 户转买 D 厂产品.用状态 1,2,3,4 分别表示 A,B,C,D 四厂,试求:

(1) 转移概率矩阵;

(2) 5 月份市场占有率的分布;

(3) 8 月份市场占有率的分布;

(4) 当顾客流如此长期稳定下去,市场占有率的分布.

解 用 Excel 求解的过程如下:

第一步 在工作表中输入数据,得状态转移表,如图 25.1 所示.

	A	B	C	D	E	F	G
1	状态转移表						
2		四月份状态					
3			A	B	C	D	合计
4	三月份状态	A	1641	234	211	258	2344
5		B	88	1172	167	331	1758
6		C	57	54	1041	120	1272
7		D	47	41	29	469	586
8		合计	1833	1501	1448	1178	5960
9		初始分布	0.39	0.29	0.21	0.10	

图 25.1 状态转移表

第二步 计算初始分布,在单元格 C9 中键入"=G4/$G$8",回车可得 $p_0(1)=0.39$,其余类似操作,可得初始分布(0.39,0.29,0.21,0.10),如图 25.1 所示.

第三步　计算一步转移概率(转移概率矩阵),在单元格 C12 中键入“=C4/$G$4”,回车,并拖动填充柄至 F12;在单元格 C13 中键入“=C5/$G$4”,回车,并拖动填充柄至 F13;在单元格 C14 中键入“=C6/$G$6”,回车,并拖动填充柄至 F14;在单元格 C15 中键入“=C7/$G$7”,回车,并拖动填充柄至 F15.结果如图 25.2 所示.

第四步　计算二步转移概率和 5 月份市场占有率的分布.首先在工作表中选定二步转移概率矩阵存放的单元格区域 C19:F22,在单元格 C19 中键入“=MMULT(C12:F15,C12:F15)”,按 F2 键,再按 Ctrl+Shift+Enter 组合键,得到二步转移概率.其次在工作表中选定市场占有率分布存放的单元格区域 C23:F23,在单元格 C23 中键入“=MMULT(C9:F9,C19:F22)”,按 F2 键,再按 Ctrl+Shift+Enter 组合键,得到 5 月份的市场占有率(0.25,0.22,0.26,0.26).见图 25.2.

第五步　计算三步转移概率,在工作表中选定三步转移概率矩阵存放的单元格区域 C26:F29,在单元格 C26 中键入“=MMULT(C12:F15,C19:F22)”,按 F2 键,再按 Ctrl+Shift+Enter 组合键,得到三步转移概率,结果如图 25.2 所示.

第六步　计算五步转移概率和 8 月份市场占有率的分布.首先在工作表中选定五步转移概率矩阵存放的单元格区域 C32:F35,在单元格 C32 中键入“=MMULT(C19:F22,C26:F29)”,按 F2 键,再按 Ctrl+Shift+Enter 组合键,得到五步转移概率.其次在工作表中选定 8 月份市场占有率分布存放的单元格区域 C36:F36,在单元格 C36 中键入“=MMULT(C9:F9,C32:F35)”,按 F2 键,再按 Ctrl+Shift+Enter 组合键,得到 8 月份的市场占有率(0.19,0.18,0.28,0.35),结果如图 25.2 所示.

	A	B	C	D	E	F	G
1		状态转移表					
2			四月份状态				
3			A	B	C	D	合计
4		A	1641	234	211	258	2344
5		B	88	1172	167	331	1758
6	三月份状态	C	57	54	1041	120	1272
7		D	47	41	29	469	586
8		合计	1833	1501	1448	1178	5960
9		初始分布	0.39	0.29	0.21	0.10	
10							
11			A	B	C	D	
12		A	0.70	0.10	0.09	0.11	
13		B	0.05	0.67	0.09	0.19	
14	一步转移概率矩阵	C	0.04	0.04	0.82	0.09	
15		D	0.08	0.07	0.05	0.80	
16		四月占有率	0.31	0.25	0.24	0.20	
17							
18			A	B	C	D	
19		A	0.51	0.15	0.15	0.19	
20		B	0.09	0.47	0.15	0.29	
21	二步转移概率矩阵	C	0.08	0.07	0.68	0.17	
22		D	0.13	0.11	0.09	0.67	
23		五月占有率	0.25	0.22	0.26	0.26	
24							
25			A	B	C	D	
26		A	0.39	0.17	0.19	0.25	
27		B	0.12	0.35	0.19	0.34	
28	三步转移概率矩阵	C	0.10	0.10	0.58	0.22	
29		D	0.15	0.14	0.13	0.58	
30		六月占有率	0.20	0.19	0.28	0.33	
31			A	B	C	D	
32		A	0.26	0.18	0.24	0.32	
33		B	0.15	0.23	0.24	0.39	
34	五步转移概率矩阵	C	0.13	0.13	0.45	0.29	
35		D	0.17	0.16	0.19	0.48	
36		八月占有率	0.19	0.18	0.28	0.35	

图 25.2　转移概率及市场占有率

第七步　计算平稳分布(市场占有率),如图 25.3 所示.

(1) 先对转移概率矩阵进行转置.选定转置矩阵存放的单元格区域 A7:D10,在单元格 A7 中键入"=TRANSPOSE(A2:D5)",按 F2 键,再按 Ctrl+Shift+Enter 组合键,得到转置矩阵.

(2) 再计算系数矩阵,在转置矩阵中,主对角线的元素减 1,并把最后一行变为 1.

(3) 然后求系数矩阵的逆矩阵,选定逆矩阵存放的单元格区域 A17:D20,在单元格 A17 中键入"=MINVERSE(A12:D15)",按 F2 键,再按 Ctrl+Shift+Enter 组合键,得到逆矩阵.

(4) 最后求市场占有率,给出常数矩阵(A22:A25),选定解矩阵(市场占有率)存放的单元格区域 C22:C25,在单元格 B22 中键入"=MMULT(A17:D20,A22:A25)",按 F2 键,再按 Ctrl+Shift+Enter 组合键,得市场占有率(0.17,0.17,0.28,0.38).

	A	B	C	D
1	状态转移概率矩阵			
2	0.70	0.10	0.09	0.11
3	0.05	0.67	0.09	0.19
4	0.04	0.04	0.82	0.09
5	0.08	0.07	0.05	0.80
6	转置矩阵			
7	0.70	0.05	0.04	0.08
8	0.10	0.67	0.04	0.07
9	0.09	0.09	0.82	0.05
10	0.11	0.19	0.09	0.80
11	系数矩阵			
12	-0.30	0.05	0.04	0.08
13	0.10	-0.33	0.04	0.07
14	0.09	0.09	-0.18	0.05
15	1.00	1.00	1.00	1.00
16	逆矩阵			
17	-2.57	0.23	0.37	0.17
18	-0.16	-2.43	0.31	0.17
19	-0.48	-0.44	-4.20	0.28
20	3.21	2.64	3.52	0.38
21	常数矩阵		解	
22	0		0.17	
23	0		0.17	
24	0		0.28	
25	1		0.38	

图 25.3　平稳分布计算表

25.4　讨论

预测对象在同一初始状态下,状态转移概率矩阵不同,将产生不同的预测结果.要改变预测结果,只有改变状态转移概率矩阵.这一点,给我们的启示是,在对决策服务的预测中,可以根据各种可能采取的措施,估计出不同的状态转移概率矩阵或给出几种状态转移概率矩阵的方案,以便预测出每种方案将产生的不同市场效果.

实验二十六　正态性检验——PP图和QQ图

26.1　实验原理

许多统计方法的应用常要求数据呈正态分布，如t-检验、方差分析、相关分析和一些模型拟合效果的残差分析等. 百分位数图(Percent Percent plot，简称PP图)和分位数图(Quantile Quantile plot，简称QQ图)是一类直观、简单的正态性检验方法. 本实验主要介绍如何对已知数据做出相应的PP图和QQ图.

数据的正态性检验实际上是检验已知数据是否来自正态总体，也就是考查由已知数据作出的概率分布图是不是正态分布. PP图是这样一种散点图，其中一个坐标为根据已知数据得到的累积百分比，而另一个坐标是来自标准分布的累积百分比. 如果来自某一总体的数据的分布只与标准分布相差仅一个位置或尺度常数，那么最终PP图将近似为一条直线，极端偏离直线表明该数据不是来自所指定的分布.

QQ图同样可以用于检验数据的分布，所不同的是，QQ图是用变量数据分布的分位数与指定分布的分位数之间的关系曲线来进行检验的.

设 $X_{(1)}\leqslant X_{(2)}\leqslant\cdots\leqslant X_{(n)}$ 是来自分布函数 $F(x)$ 的有序随机样本，假设存在连续位置尺度函数 $\Phi_0\left(\dfrac{x-\mu}{\sigma}\right)$，$-\infty<\mu<+\infty$，$\sigma>0$，其中 Φ_0 是标准正态分布函数，μ 为位置参数，σ 为尺度参数，μ，σ 通常可用样本的最大似然估计 $\hat{\mu}$ 和 $\hat{\sigma}$ 代替.

对已知数据的正态性检验问题 $F=\Phi_0$，等价于下列散点图中的点近似在一条直线上：

(1) PP图就是作 u_i 与 t_i 的散点图；

(2) QQ图就是作 $X_{(i)}$ 与 q_i 的散点图，

其中 $u_i=\Phi_0\left(\dfrac{X_{(i)}-\mu}{\sigma}\right)$，$t_i=\dfrac{i-1/2}{n}$，$q_i=\Phi_0^{-1}\left(\dfrac{i-1/2}{n}\right)$，$i=1,2,\cdots,n$. 为方便查阅，PP图和QQ图中散点坐标如表26.1所示.

表 26.1　PP散点图和QQ散点图的构成

	横坐标	纵坐标
PP图	$\Phi_0\left(\dfrac{X_{(i)}-\mu}{\sigma}\right)$	$\dfrac{i-1/2}{n}$
QQ图	$X_{(i)}$	$\Phi_0^{-1}\left(\dfrac{i-1/2}{n}\right)$

一般地，对于任意一组已知数据 $X_1,X_2,\cdots,X_n$ 作正态性检验的PP图和QQ图的步骤如下：

步骤1　将原始数据排序，得到排序后的数据 $X_{(1)}\leqslant X_{(2)}\leqslant\cdots\leqslant X_{(n)}$；

步骤2　由表26.1中的公式计算得到图中散点的坐标值 u_i,t_i,q_i，$i=1,\cdots,n$；

步骤3　以 (u_i,t_i) 为坐标作PP图，以 $(X_{(i)},q_i)$ 为坐标作QQ图.

26.2 实验目的及要求

实验目的 理解用 PP 图和 QQ 图做正态性检验的原理.

具体要求 能够熟练运用 Excel 对已知数据作 PP 图和 QQ 图.

26.3 实验过程

例 26.1 某单位测得 20 例 20—50 岁正常人血浆结合 125 碘——三碘甲状腺原氨酸(125I-T3)树脂摄取比值为

0.823，0.932，0.938，1.070，0.948，0.956，0.963，0.965，1.080，1.000，

1.011，1.014，1.022，1.034，1.050，0.880，1.129，1.192，1.248，0.988.

试做出该组数据的 PP 图和 QQ 图.

解 这是一组未排序的数据,应当首先进行排序.打开数据所在工作表(图 26.6),将原始数据(initial data)存放在 B 列,然后将原始数据(sorted data)复制到 C 列,鼠标选中单元格区域 C2:C21,单击【数据】/【排序】,出现排序提醒活动窗口,如图 26.1 所示.选择“以当前选定区域排序”,单击【排序】.

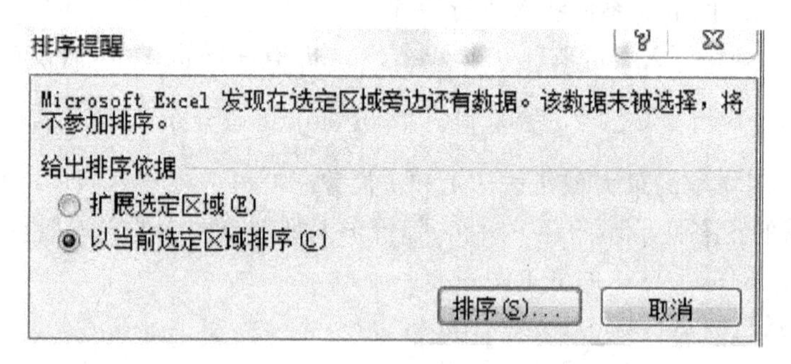

图 26.1 排序提醒对话框

在随后的排序窗口中选择“数值”、“升序”,如图 26.2 所示,单击【确定】则完成对原始数据的排序,按升序排列的数据存放在 C 列.

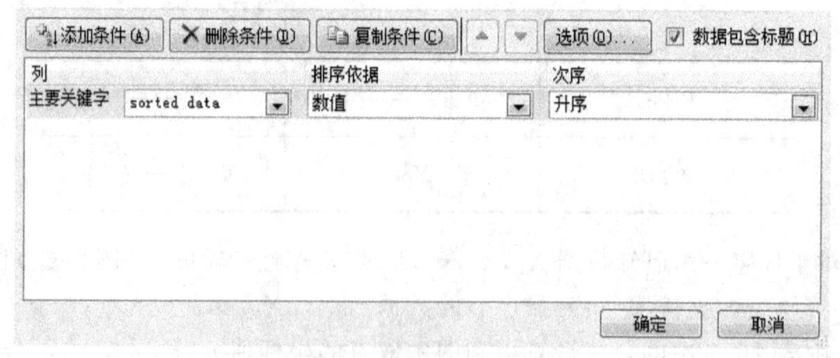

图 26.2 对原始数据排序对话框

接下来确定位置参数 μ 和尺度参数 σ 的估计值，由于对于正态随机变量而言，μ，σ 的最大似然估计与矩估计一致，因此可以通过对数据的描述统计得到相应参数的估计值. 单击【数据】/【数据分析】，单击后出现数据分析对话框，如图 26.3 所示. 选择【描述统计】，然后单击【确定】按钮，进入描述统计对话框，如图 26.4 所示. 在输入区域填入"$C$2:$C$21"，分组方式选择"逐列"，输出区域填入"$K$2"，则描述统计结果放在 K2 处，具体结果如图 26.5 所示.

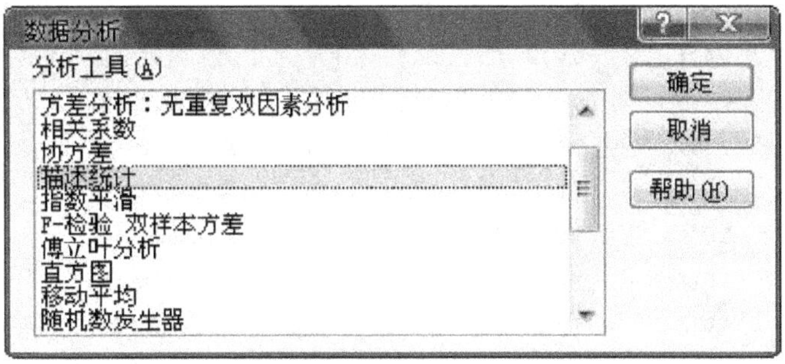

图 26.3　数据分析对话框

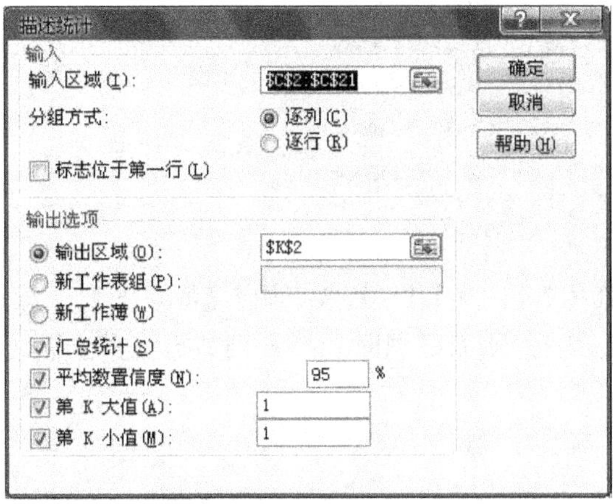

图 26.4　描述统计对话框

	J	K	L
1		描述统计	
2			
3		列1	
4		平均	1.0122
5		标准误差	0.0223
6		中位数	1.0055
7		众数	#N/A
8		标准差	0.0998
9		方差	0.0100
10		峰度	0.8640

图 26.5　描述统计结果

如图 26.5 所示，单元格 L4 中给出的是 μ 的估计值，单元格 L8 给出的是 σ 的估计值.

在图 26.6 中，在单元格 D2 中输入计算公式"=NORMSDIST((C2-$L$4)/$L$8)"，得到 PP 图中散点的横坐标；在单元格 E2 中输入计算公式"=(A2-0.5)/20"，得到 PP 图中散点的纵坐标. 在单元格 F2 中输入计算公式"=C2"，得到 QQ 图中散点的横坐标；在单元格 G2 中输入计算公式"=NORMSINV(E2)"，得到 QQ 图中散点的纵坐标. 具体计算结果见图 26.6.

	A	B	C	D	E	F	G	H	I
1	No	Initial data	Sorted data	PPx	PPy	QQx	QQy		
2	1	0.823	0.823	0.029076	0.025	0.823	-1.959964	=NORMSINV(E2)	
3	2	0.932	0.880	0.092813	0.075	0.880	-1.439531		
4	3	0.938	0.932	0.211047	0.125	0.932	-1.150349	=C2	
5	4	1.070	0.938	0.228833	0.175	0.938	-0.934589	=(A2-0.5)/20	
6	5	0.948	0.948	0.260263	0.225	0.948	-0.755415		
7	6	0.956	0.956	0.28692	0.275	0.956	=NORMSDIST((C2-$L$4)/$L$8))		
8	7	0.963	0.963	0.311256	0.325	0.963	-0.453762		
9	8	0.965	0.965	0.31837	0.375	0.965	-0.318639		
10	9	1.080	0.988	0.404433	0.425	0.988	-0.189118		
11	10	1.000	1.000	0.45157	0.475	1.000	-0.062707		
12	11	1.011	1.011	0.495405	0.525	1.011	0.062707		
13	12	1.014	1.014	0.507392	0.575	1.014	0.189118		
14	13	1.022	1.022	0.539295	0.625	1.022	0.318639		
15	14	1.034	1.034	0.586618	0.675	1.034	0.453762		
16	15	1.050	1.050	0.647697	0.725	1.050	0.59776		
17	16	0.880	1.070	0.718852	0.775	1.070	0.755415		
18	17	1.129	1.080	0.751619	0.825	1.080	0.934589		
19	18	1.192	1.129	0.879077	0.875	1.129	1.150349		
20	19	1.248	1.192	0.96418	0.925	1.192	1.439531		
21	20	0.988	1.248	0.990919	0.975	1.248	1.959964		

图 26.6 PP图与QQ图中散点的坐标

下面根据散点坐标画出相应的图像. 单击【插入】/【图表】/【XY散点图】/【散点图】. 注意，画PP图时选择D列数据为横坐标，E列数据为纵坐标；画QQ图时选择F列数据为横坐标，G列数据为纵坐标. 结果见图 26.7 和图 26.8.

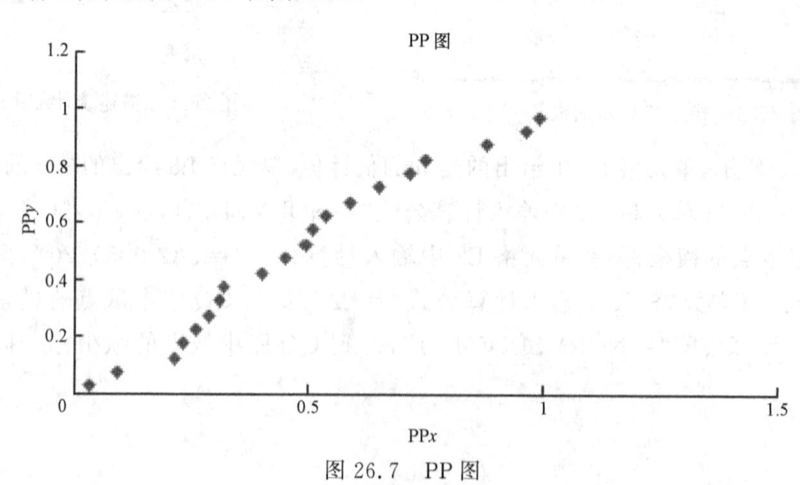

图 26.7 PP图

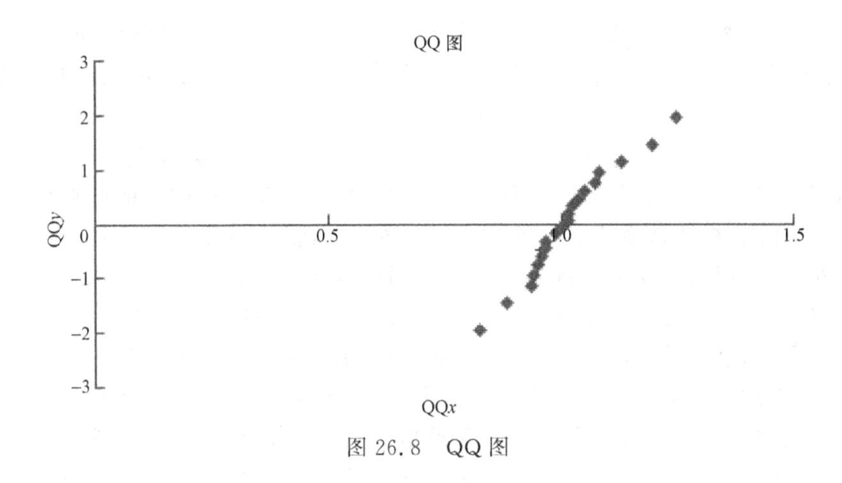

图 26.8　QQ 图

26.4　讨论

PP 图和 QQ 图不仅能够判断已有数据是否来自于正态分布，还可以检验已知数据是否来自某一假定分布，如指数分布、对数正态分布、Weibull 分布等. 试写出指数分布、对数正态分布、Weibull 分布对应的 PP 图与 QQ 图中散点的坐标.

实验二十七　投资风险分析和决策软件“水晶球”简介

Monte Carlo（蒙特卡罗）分析法在投资风险分析领域是一种有效的分析方法. 其基本思想是：为了研究由目标变量和多个影响变量构成的投资风险模型，利用计算机和水晶球（Crystal Ball，简称 CB）软件针对每一个影响变量分别产生符合指定概率分布的大量随机数，代入该数学模型进行模拟运算，得到目标变量的大量模拟运算数值及其统计分布特征，进而分析不同影响变量对目标变量的影响. 这种方法广泛地应用在项目管理、工程设计以及金融计算等领域，在重大项目的资本预算分析中，也经常使用这种方法作为项目评价的辅助手段.

27.1　引言和实验原理

Monte Carlo 分析法是 20 世纪 40 年代，在美国军方研究原子弹的“曼哈顿项目”中开发的一种用随机模拟法进行风险分析的数学方法. 数学家冯·诺依曼用驰名世界的赌城——摩纳哥的蒙特·卡罗（Monte Carlo）来命名这种方法，为它蒙上了一层神秘色彩. 其实 Monte Carlo 分析法的基本思想并不复杂，并且很早以前就被人们所发现和利用. 早在 17 世纪，人们用事件发生的频率来近似计算随机事件发生的可能性大小，即“概率”. 当时人们为了计算一个呈不规则平面图形的面积，将它放置在一个边长为 1 的正方形内部，然后向该正方形“随机地”投掷 n 个小质点，如果有 m 个质点落在该图形内，则它的面积近似为 m/n. 19 世纪人们用类似的方法来计算圆周率 π，这就是著名的蒲丰投针问题. 随着计算机的诞生，特别是近年来高速电子计算机的出现，使得用数学方法在计算机上大量快速地模拟这样的试验成为可能[1].

具体到风险分析领域，应用 Monte Carlo 分析法的原理是：首先建立描述项目收益与某些影响因素之间的数学公式，称为 Monte Carlo **分析模型**；然后根据经验和历史数据，确定各个影响因素（即模型中的自变量）的概率分布；再让计算机按照给定的概率分布生成大量的随机数;最后将这些随机数代入分析模型,求出预期收益(即模型的目标变量)的值.经过大量的模拟计算,就可以得到目标变量的概率分布及统计特征,从而预测在众多因素影响之下的预期收益率及其概率分布.

例如,一个投资项目的收益率可能会受到投资规模、预期销售、销售价格、变动或固定成本、利率、通货膨胀等诸多因素的影响.如果通过研究已确定了这些因素的概率分布,那么就可以用 Monte Carlo 分析法计算出在一定置信度下的预期收益率及其分散程度,并用一组精确的数字指标对它进行描述,从而较准确地预测项目的风险和收益.

很显然,这个过程包含着大量的重复计算,所以通常需要使用专门的风险分析工具来进行 Monte Carlo 模拟分析.目前在 Excel 环境下最常用的风险分析工具有 Crystal Ball 和@Risk 两种,它们都是以加载项的方式挂在 Excel 之下,可以和 Excel 软件无缝地连接在一起.通过它们可以很方便地对建立在 Excel 中的运算模型进行 Monte Carlo 分析,并得到图文并茂的分析结果.下面重点介绍风行于全世界的风险分析工具 Crystal Ball.

27.2 Excel 环境下的风险分析工具——Crystal Ball

在西方,人们相信水晶球具有预知未来的魔力,所以 Decisioneering 公司将其风险分析产品命名为水晶球(Crystal Ball,简称 CB).Decisioneering 公司致力于开发商业决策分析软件和解决方案,CB 是该公司基于 Excel 环境而开发的简单实用的商业风险分析和评估软件.CB 面向各类商务、科学和工程技术领域,用户界面友好,可基于图表进行预测和风险分析.CB 使用 Monte Carlo 模拟法计算出模型的所有可能结果,并运用统计图表对计算结果进行全方位的统计分析.除了描述统计、趋势图和相关变量的概率分布,CB 还同时进行敏感性分析,帮助用户判断影响最终结果的关键因素.

CB 是全世界商业风险分析和决策评估软件中的佼佼者.据《财富》杂志统计,全球 500 强企业中有超过 80%的企业使用 CB 作为商务决策、项目投资和风险分析的工具,美国排名前 50 位的工商管理学院中,也有 40 所使用 CB 作为教学和研究商业性课题的工具.

CB 从 1990 年诞生以来不断改进,先后经历过多个版本,本实验运用 Crystal Ball 7.31,以一个具体案例来说明如何使用 CB.

一、软件界面

Crystal Ball 7.31 的安装与其他常规软件没有什么区别,安装完成后再启动 Excel 时(由于水晶球版本的原因,本实验采用 Excel 2003 版本),就会发现除了 Excel 自身的常用工具栏以外,又增加了一个 Crystal Ball 工具栏(图 27.2),集成了进行 Monte Carlo 分析的常用命令按钮,并且菜单上也多出了 Define,Run,Analyze 等 3 项,Crystal Ball 7.31 的操作界面如图 27.1 所示.

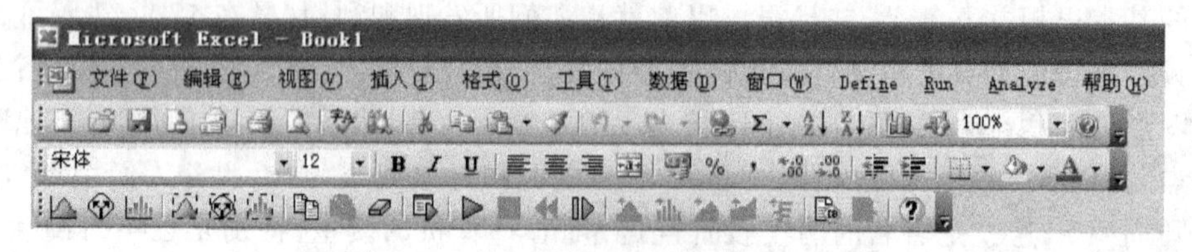

图 27.1 Crystal Ball 7.31 的操作界面

图 27.2 Crystal Ball 7.31 工具栏的命令按钮

在 CB 的菜单项中，“Define”和“Run”两项中的命令基本上与工具栏上的命令按钮相同，在“Tools”中，设置了 CB 的附属分析工具，包括：QptQuest(优化分析工具)，CBPredictor(CB 预言家，预测分析工具)，Batch Fit(用给定数据作为概率分布)，Bootstrap(用统计分布来分析结果的可靠性和准确性)，Correlation Matrix(相关矩阵，用来建设假设变量之间的相关关联)，Decision Table(决策表，综合比较决策变量变化的影响)，Scenario Analysis(方案分析)，Tornado Chart(覆盖图，测定每个假设变量的敏感性)，2D Simulation(二维模型，研究不确定性和差异性).“Tools”菜单如图 27.3 所示.

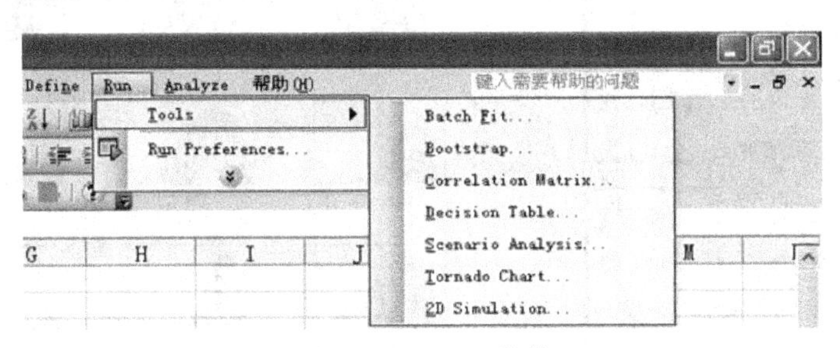

图 27.3　Tools 菜单

二、使用方法

下面通过一个简单的例子，具体说明 CB 的操作方法及其计算结果的显示方式.

例 27.1　假设通过调查分析，获知某百货商场的销售收入与客流量之间呈线性关系：

$$销售收入=0.8\times 客流量+50.$$

已知销售利润为 15%，固定成本为 5000 万元，要求用 Monte Carlo 分析其经营利润. 又设调查结果同时表明：客流量、销售利润率和固定成本的概率分布如表 27.1 所示，且固定成本与客流量呈正相关，相关系数为 0.5.

表 27.1　项目关键因素的统计特征

变量	分布	参数	相关
客流量	正态分布	均值 500 万人，标准差 50 万人	
销售利润率	三角分布	最小值 14%，最大值 17%，最大似然值 15%	
固定成本	正态分布	均值 5000 万元，标准差 1000 万元	与客流量相关 $\rho=0.5$

解　第一步是建立模拟模型. 首先将上述客流量、销售额、销售利润率、固定成本等变量和计算公式输入 Excel 工作表，并建立目标变量的计算公式作为分析模型，如图 27.4 所示.

K14

	A	B	C	D	E	F	G
1							
2	商场经营利润的Monte Carlo　分析						
3	客流量（万人）	500					
4	销售收入（百万元）	450	公式为"=B3*0.8+50"				
5	销售利润率	15%					
6	固定成本（百万元）	50					
7							
8	税前利润（百万元）	17.5	公式为 "=B4*B5-B6"				

图 27.4　Excel 工作表的具体数据

第二步是在上述模型中分别指定假设变量(assumption)和预测变量(forecast).本例中,假设变量有3个,分别是:客流量、销售利润率和固定成本;预测变量是税前利润.首先选中客流量所在单元格B3,在CB工具栏上单击【定义假设变量】按钮,出现如图27.5所示的概率分布档案库,在这里用户可以指定假设变量的概率分布类型和参数.

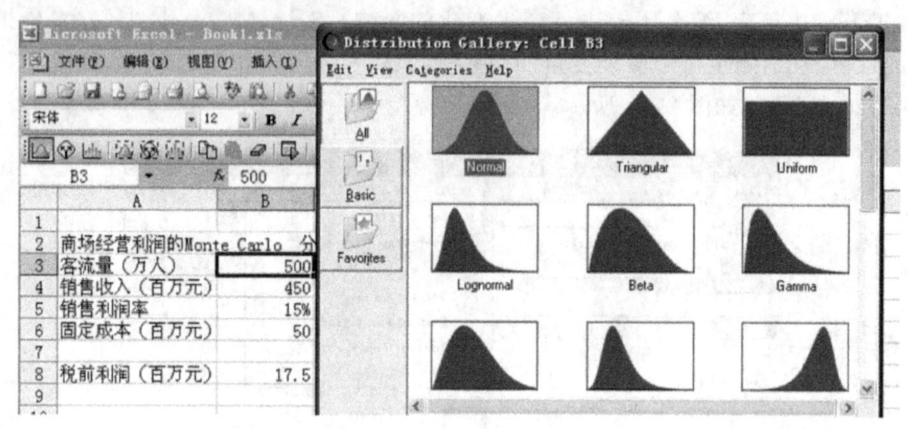

图27.5　概率分布档案库

这里指定假设变量"客流量"为正态分布,单击【OK】后,系统要求输入指定的概率分布参数,如图27.6所示.

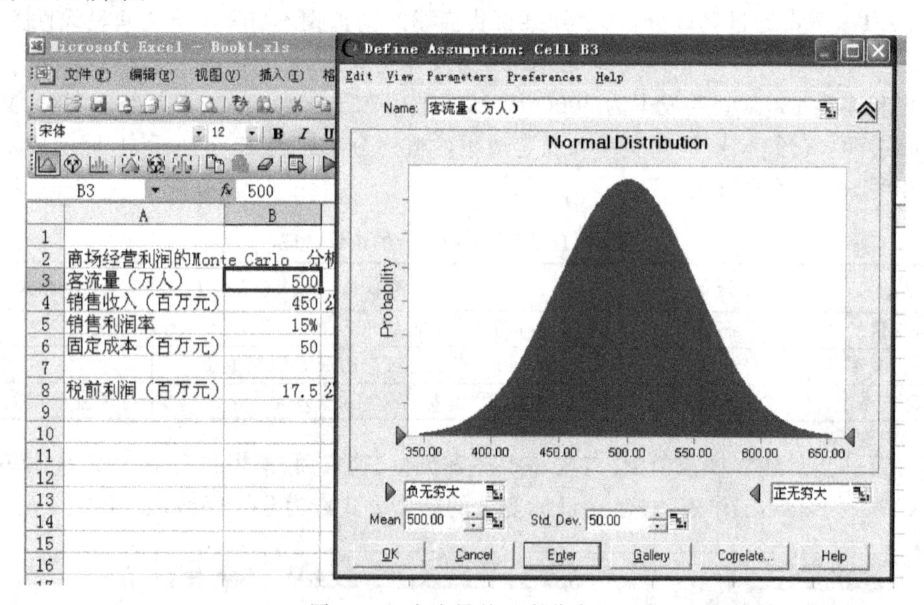

图27.6　客流量的正态分布图

将均值500、标准差50输入到图27.6中的对话框中,单击【OK】后,回到工作表环境,这时包含假设变量"客流量"的单元格自动变成了浅绿底色.

接下来用同样的方法定义第二个假设变量"销售利润率".选中B5,在CB工具栏上单击【定义假设变量】,在随后出现的对话框内选定其分布为三角分布,其参数为最小值14%,最大值17%,最大似然值15%,限于篇幅,图略.

第三个假设变量是固定成本，它也服从正态分布．按照给定条件固定成本与客流量之间是正相关，相关系数为 0．5．在将它定义为假设变量时，输入概率分布参数后，单击【Correlate...】，进入【相关】对话框，如图 27．7 所示．单击【Select Assumption】，从中选择【客流量】，然后输入相关系数，单击【Enter】，在右侧的相关采样图框中显示出相关关系的示意图．单击【OK】完成定义假设变量．

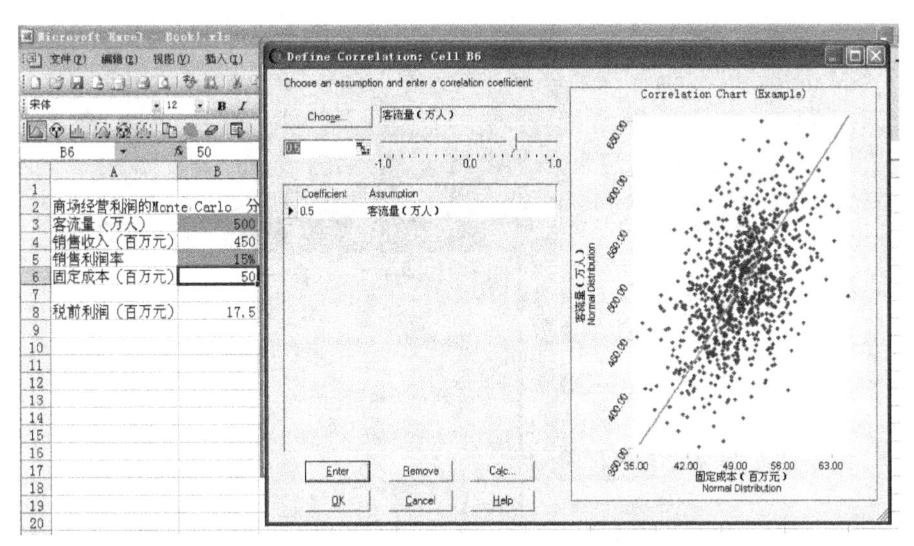

图 27．7　固定成本与客流量的相互关系示意图

第三步是定义预测变量．选中税前利润所在单元格 B8，在 CB 工具栏上单击【定义预测变量】按钮，出现如图 27．8 所示的定义预测变量对话框，单击其中的【More...】可以设置关于预测变量的更多选项，这里使用默认设置，直接单击【OK】回到工作表环境．

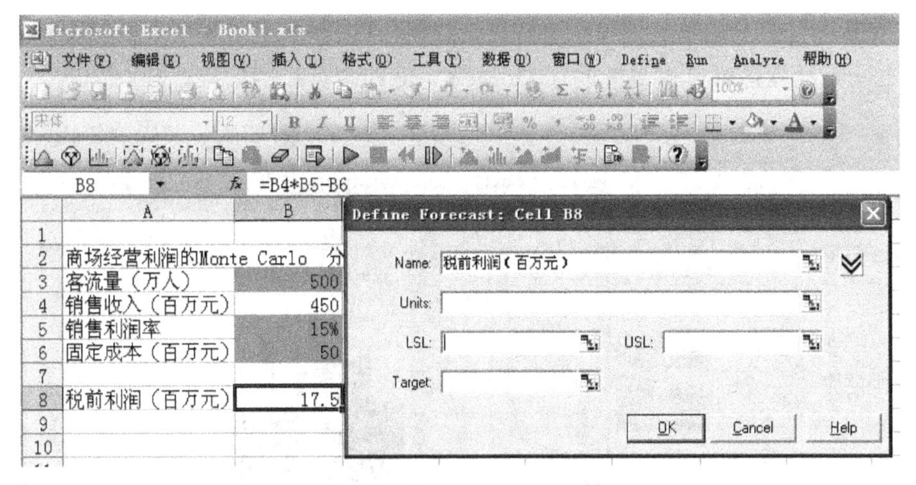

图 27．8　定义预测变量对话框

第四步是执行模拟运算，在开始运算之前要设置预算参数. 从菜单上执行"Run"/"Run Preference..."，在如图 27.9 所示的对话框中设置模拟运算的参数，包括 5 个部分："试验次数(Trial)"、"抽样(Sampling)"、"速度(Speed)"、"选项(Option)"等，这里的试验次数(Trial)设置为 1000 次，其余的都采用默认值. 设置完成后单击【OK】，回到工作表环境. 在 CB 工具栏单击【模拟运算】按钮 ▶，开始模拟运算.

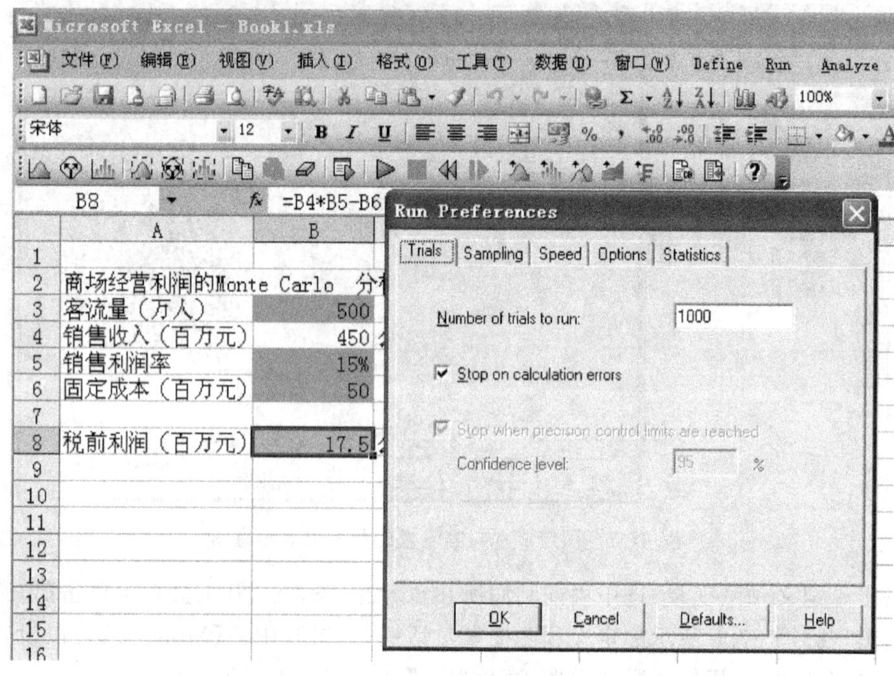

图 27.9　试验次数(Trial)设置为 1000 次

模拟运算的过程和结果以图表的方式显示，默认显示如图 27.10 所示的频率概率图(Frequency Chart). 这就是对预测变量进行 Monte Carlo 模拟分析的结果.

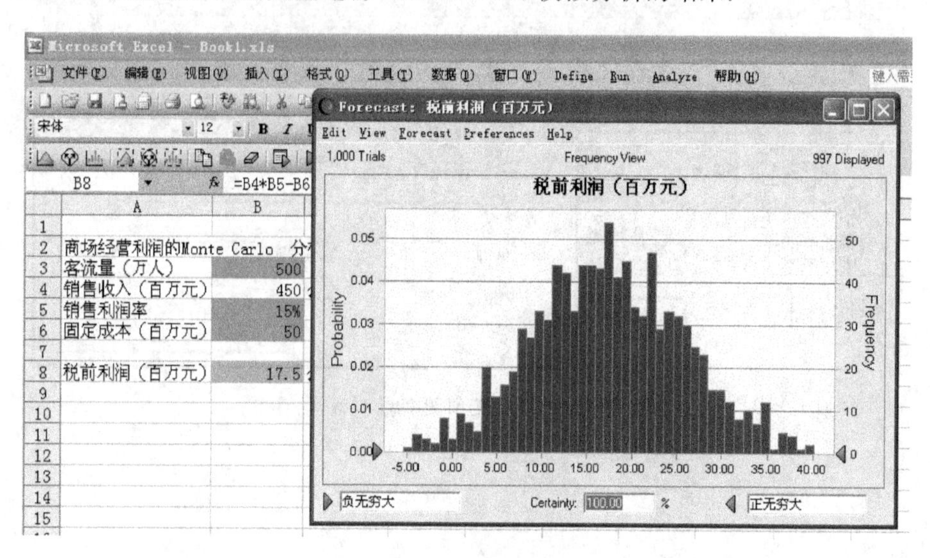

图 27.10　Monte Carlo 模拟分析结果的频率图

CB一共提供了5种方式显示模拟结果，除了用上面频率图表示模拟分析的结果以外，还可以用统计参数值、百分比排位、累计密度、倒序累计密度等方式显示，用户可以从结果窗口的菜单项【View】中进行选择，限于篇幅，图略.

除了以图表形式显示模拟分析结果以外，还可以将统计分析结果的数据和图形提取到Excel工作表中.在CB工具栏中单击按钮【Extract data】，可显示本例的模拟运算结果：商场的税前利润均值为1738万元，标准差为845万元，分布的范围在－723万元～4267万元.通过计算可以知道税前利润在500万元～2300万元之间的概率约为70%，而小于0的概率为5.4775%(可以用公式NORMDIST(0,17.38,8.45,True)计算出来).

以上的简单示例说明了使用CB进行Monte Carlo模拟分析的基本原理和操作步骤，并列出了CB显示模拟结果的主要方式.当然，CB中还有许多其他选项，并且可以输出更多的分析结果，可参见相关文献.

实验二十八　宏的录制与数据和折线图的格式化

28.1　实验原理

通常，在Excel中利用随机数发生器产生随机数，其字体、字号、小数点位数、对齐方式等，都不够美观、统一，需要在事后对其作调整.对这样的重复性工作，我们可以录制一个简单的宏程序来轻松解决.**宏**就是一系列命令和指令的集合，执行宏就可以一次性地运行这一系列命令和指令.

我们可以根据实际需要，对一些经常性的、重复性高的一系列操作事先录制好相应的宏，加以命名后保存在"当前工作簿"中(见图28.2)或保存在"个人宏工作簿"中，供实际需要时调用.若选择保存在"个人宏工作簿"中，Excel会自动建立一个Personal工作簿，并隐藏起来，在使用其他工作簿时，它可以被自动激活.

28.2　实验目的及要求

实验目的　理解Excel中的宏是存储了一系列命令的程序，执行宏就是一次性地运行这一系列命令.

具体要求　掌握简单的宏的录制方法，并根据自己的需要录制和使用宏.

28.3　实验过程

下面我们以一个简单的例子来说明宏的录制与使用方法.

例28.1　在Excel的单元格区域B2:F5中利用随机数发生器任意产生20个服从正态分布$N(1,3)$的随机数，如图28.1所示.图中数据的小数点位数不统一，字号、字形、字体、对齐方式等都不够理想.

当然，可以对其进行逐项调整，但是每次产生的数据都要这样调整显然费时费力.我们可以录制一个简单的宏来执行这一系列操作.

打开一张新工作表，在Excel用户界面中启用【开发工具】(启用方法是依次单击【文件】/【选项】/【自定义功能区】，选中右边的【主选项卡】列表中的【开发工具】)，在工作表中单击【开发工

fx -3.02059185944381

	A	B	C	D	E	F
1						
2		-3.02059	0.783283	4.420046	3.403754	5.093899
3		2.745196	4.265491	5.701587	-2.39598	6.027778
4		3.79817	-1.89391	3.508029	3.910399	2.728911
5		-0.89052	-4.98725	-3.27098	4.088971	0.676129

图 28.1 没有格式化前的正态分布随机数

具】/【录制新宏】,即弹出【录制新宏】对话框,如图 28.2 所示.在其中输入宏名,选择保存位置,单击“确定”即可开始宏的录制.也可以单击【视图】/【宏】/【录制新宏】来开始录制宏,效果一样.

接下来的录制过程可根据需要来进行操作,比如要对数据进行格式化,可依次单击【开始】/【格式】/【设置单元格格式】,在出现的对话框中按照图 28.3,图 28.4 和图 28.5 分别对数字、对齐方式和字体、字形、字号进行设置(可以根据使用者的喜好任意设置,当然还可以增加更多选项,如边框、图案等).然后单击【开发工具】/【停止录制】完成宏的录制.

录制新宏
宏名(M):
数据格式化
快捷键(K): Ctrl+
保存在(I): 当前工作簿
说明(D):
宏由 gmz 录制,时间: 2011-11-27
确定 取消

图 28.2 对录制的新宏命名

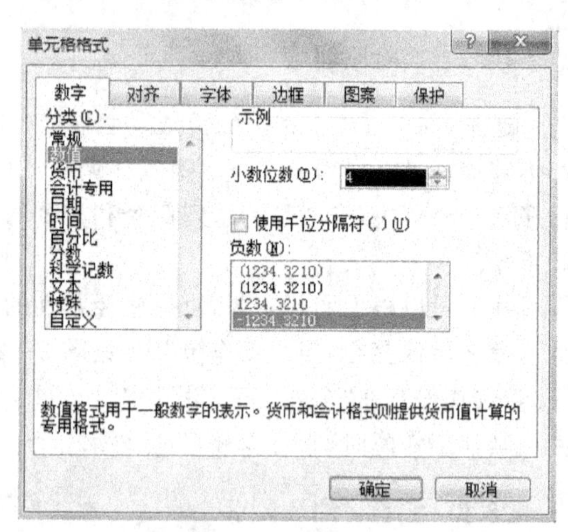

图 28.3 设置数字格式

单元格格式
数字 对齐 字体 边框 图案 保护
文本对齐方式
水平对齐(H): 靠右(缩进)
缩进(I): 0
垂直对齐(V): 居中
两端分散对齐(E)
方向
文本
文本控制
自动换行(W)
缩小字体填充(K)
合并单元格(M)
0 度(D)
从右到左
文字方向(T): 根据内容
确定 取消

图 28.4 设置数字对齐方式

单元格格式
数字 对齐 字体 边框 图案 保护
字体(F): Arial
字形(O): 常规
字号(S): 9
Angsana UPC
Aparajita
Arabic Typesetting
Arial
常规 倾斜 加粗 加粗 倾斜
6 8 9 10
下划线(U): 无
颜色(C): 自动
普通字体(N)
特殊效果
删除线(K)
上标(E)
下标(B)
预览
AaBbCcYyZz
这是 TrueType 字体。同一种字体将在屏幕和打印机上同时使用。
确定 取消

图 28.5 设置字体、字形、字号

此时,单击【开发工具】/【宏】,即可看见一个名为“数据格式化”的宏.若要对图 28.1 中的数据执行这个“数据格式化”宏,只要在 Excel 工作表中先选中数据区域 B2:F5,再单击【开发工具】/【宏】,在出现的对话框中选择“数据格式化”的宏,并单击【执行】即可.执行宏命令格式化后的数据见图 28.6.

	A	B	C	D	E	F
1						
2		-3.0206	0.7833	4.4200	3.4038	5.0939
3		2.7452	4.2655	5.7016	-2.3960	6.0278
4		3.7982	-1.8939	3.5080	3.9104	2.7289
5		-0.8905	-4.9872	-3.2710	4.0890	0.6761

图 28.6　执行宏格式化后的正态分布随机数

上面所述是针对单元格数据利用宏功能进行格式化处理,那么在 Excel 中是否也可以录制宏来格式化若干个类似的图形呢?答案是肯定的.我们都有体会,利用 Excel 作出的图形常常不够美观,需要对其进行一系列调整修饰后才能获得满意的效果.

如果只有一个图形,我们当然可以通过对它进行一系列的操作进行格式化,得到我们希望的效果.但在实际工作中往往需要对很多类似的图形进行格式化,逐个完成格式化是非常烦琐的.而利用宏功能进行格式化却能轻松解决这个问题,其主要优点是既能简化操作,又能保证格式化的统一效果.下面我们再通过一个例子来说明如何利用宏功能对图表进行格式化操作.

例 28.2　有五支足球队进行比赛,设场上 11 名队员所处的位置分别标记为 1,2,…,11.现在我们想要比较任意两个队在场上相同位置队员的身高(单位:cm),数据见图 28.7.

	A	B	C	D	E	F
1	位置	A队	B队	C队	D队	E队
2	1	185	191	187	198	185
3	2	185	172	192	190	191
4	3	168	195	169	173	194
5	4	173	196	170	165	177
6	5	175	194	181	181	202
7	6	190	170	166	184	195
8	7	166	196	171	182	197
9	8	172	196	201	195	197
10	9	176	191	185	200	173
11	10	188	166	168	187	186
12	11	163	175	169	183	182

图 28.7　五支足球队在场上相同位置队员的身高数据(单位:cm)

用 Excel 绘制出的图形虽然美观一些,但常常还是不能满足我们的要求.图 28.8 就是按通常办法画出 A 和 B 两队队员身高的折线图.这个折线图绘图区很小,坐标轴字号偏大,两条折线纠缠在一起,图示效果不好,远不如经过调整修饰之后的图 28.9.

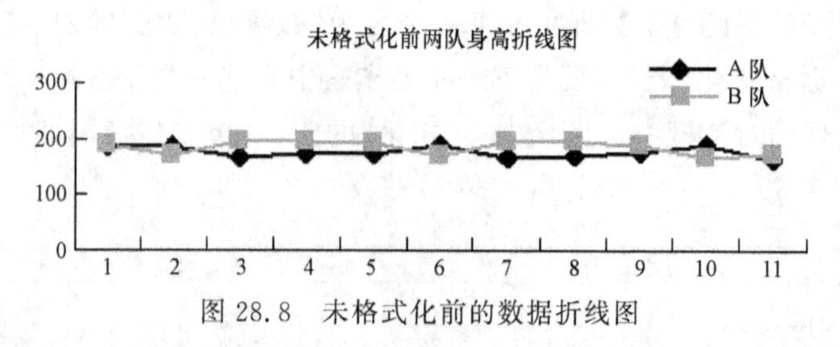

图 28.8　未格式化前的数据折线图

在录制宏之前，首先单击选中刚才绘制出的“未格式化前两队身高折线图”，然后再录制宏，这个顺序很重要，不能省略.录制宏的步骤如下：

第一步　单击菜单中的【开发工具】/【录制新宏】，确定后出现对话框，见图 28.2.给该宏取名为“格式化折线图”，并保存在当前工作簿中，单击确定后即可开始录制宏.

第二步　根据数据特点进行选项设置：鼠标右键单击图表，在弹出的“图例选项”中，把图表标题改为“格式化身高数据折线图”，图例位置选择“底部”，再单击【确定】；图标区格式中的填充效果选择“无”，再单击【确定】；右键单击分类轴(即横轴)打开“坐标轴格式”，在弹出的字体对话框中，设置字体为“Arial”，字形为“常规”，字号为“9 号”，并取消“自动缩放”；再右键单击数值轴(即纵轴)打开“坐标轴格式”，在弹出的字体对话框中同上设置字体为“Arial”，字形为“常规”，字号为“9 号”，取消“自动缩放”，并且在“刻度”对话框中设置最小值为“140”，最大值为“220”，主要刻度为“10”，次要刻度为“4”，分类轴交叉于“140”，再单击【确定】；鼠标右击 A 队任一个数据点，打开数据系列格式，在图案对话框中，选择颜色为“红色”，选择适当线形粗细，样式选择“圆点”，前景色为“白色”，后景色为“黑色”，大小选“7 磅”；同理，右击 B 队任一个数据点，作同样选择，只是颜色选择“蓝色”，最后单击【确定】设置完毕.这时图形已经由图 28.8 变成了图 28.9 的样子了，后者显然比前者清楚美观得多.

第三步　单击【开发工具】/【停止录制】结束宏的录制，这时在当前工作簿中出现一个宏程序“格式化折线图”，可供调用.

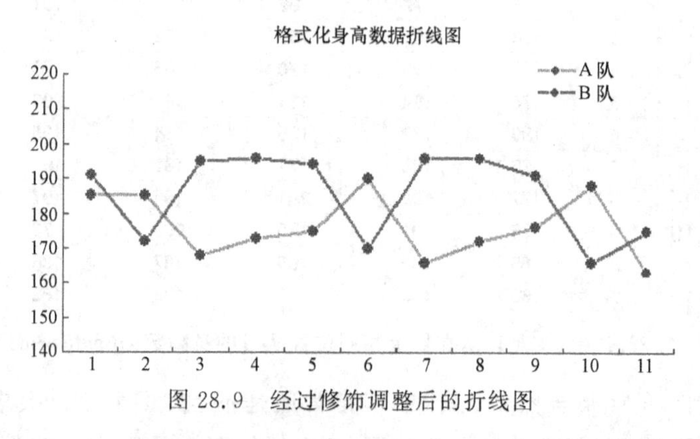

图 28.9　经过修饰调整后的折线图

五支球队两两进行比较要画出 10 张折线图，执行刚才录制的宏程序“格式化折线图”就可以把其中任一张折线图快速格式化.例如，图 28.10 就是对 B，C 两队数据的折线图执行宏程序“格式化折线图”所得到的图形.

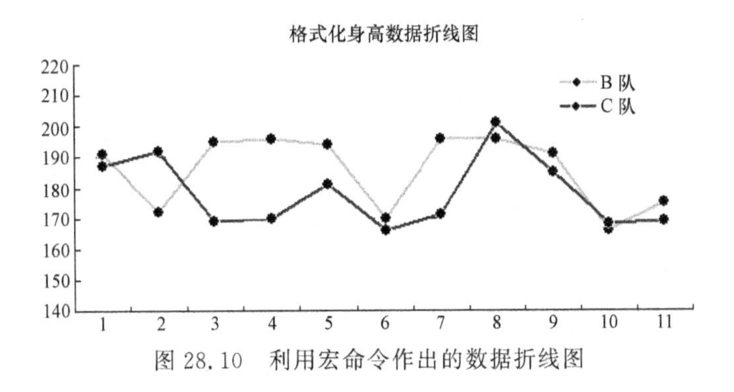

图 28.10　利用宏命令作出的数据折线图

28.4　讨论

宏的录制和执行是 Excel 为了提高重复操作工作效率而提供的功能，支持宏功能的程序是 Excel 内置的 VBA(Visual Basic for Application，宏程序)语言，掌握 VBA 的基本语法和程序编制能充分发挥 Excel 具有的潜力，大大提高利用 Excel 解决实际问题的能力. 读者可以参阅相关 VBA 的编程和应用文献.

附录　常用统计分析函数命令

注　以下用“DATA”表示函数命令中涉及的数据 $x_1, x_2, \cdots, x_n$ 或单元格或单元格区域.

项目名称	计算公式及说明	Excel 函数命令
阶乘	$n!$	=FACT(n)
双阶乘	$n!!$	=FACTDOUBLE(n)
连乘	$\prod_{k=1}^{n} x_k$	=PRODUCT(DATA)
排列	A_n^k	=PERMUT(n,k)
组合	C_n^k	=COMBIN(n,k)
指数函数	e^x	=EXP(x)
对数函数	$\ln x$ 及 $\log_{10} x$	=LN(x)及=log(x,10)
和	$\sum_{k=1}^{n} x_k$	=SUM(DATA)
平方和	$\sum_{k=1}^{n} x_k^2$	=SUMSQ(DATA)
均值	$\frac{1}{n}\sum_{k=1}^{n} x_k$	=AVERAGE(DATA)
最大值	$\max(x_1, x_2, \cdots, x_n)$	=MAX(DATA)
最小值	$\min(x_1, x_2, \cdots, x_n)$	=MIN(DATA)
极差	max－min	=MAX(DATA)-MIN(DATA)
中位数		=MEDIAN(DATA)
几何平均		=GEOMEAN(DATA)
截尾平均	先将 DATA 按大小排序,再从排序后的 n 个数中首尾各去掉 $k/2n$ 后剩余数据的平均值	=TRIMMEAN(DATA,k/n)
平均差	$\frac{1}{n}\sum_{i=1}^{n} \vert X_i - \overline{X} \vert$	=AVEDEV(DATA)
样本方差	$S_n^2 = \frac{1}{n}\sum_{i=1}^{n}(X_i - \overline{X})^2$	=VARP(DATA)
修正样本方差	$S^2 = \frac{1}{n-1}\sum_{i=1}^{n}(X_i - \overline{X})^2$	=VAR(DATA)
标准差	$S = \sqrt{S^2}$	=STDEV(DATA)
变异系数	$CV = S/\overline{X}$	=STDEV(DATA)/AVERAGE(DATA)

（续表）

项目名称	计算公式及说明	Excel 函数命令
离差平方和	$\sum_{i=1}^{n}(X_i-\overline{X})^2$	=DEVSQ(DATA)
分位数	$k/4$ 分位数，$k=0,1,2,3,4$	=QUARTILE(DATA,k)
$X\sim B(n,p)$	$P(X=k)=C_n^k p^k(1-p)^{n-k}$	=BINOMDIST(k,n,p,0)
$X\sim B(n,p)$	$P(X\leqslant k)=\sum_{i=0}^{k}C_n^i p^i(1-p)^{n-i}$	=BINOMDIST(k,n,p,1)
$X\sim P(\lambda)$	$P(X=k)=\frac{\lambda^k}{k!}e^{-\lambda}$	=POSSION(k,λ,0)
$X\sim P(\lambda)$	$P(X\leqslant k)=\sum_{i=1}^{k}\frac{\lambda^i}{i!}e^{-\lambda}$	=POSSION(k,λ,1)
$X\sim NB(r,p)$	$P(X=k)=C_{k-1}^{r-1}p^r(1-p)^{k-r}$	=NRGBINOMDIST(k－1,r,p)
$X\sim Ge(p)$	$P(X=k)=(1-p)^{k-1}p$	=NRGBINOMDIST(k－1,1,p)
$X\sim H(n,M,N)$	$P(X=k)=\frac{C_M^k C_{N-M}^{n-k}}{C_N^n}$	=HYPGEOMDIST(k,n,M,N)
$X\sim U(0,1)$	等可能产生区间(0,1)之内任一个随机数	=RAND()
$X\sim U(a,b)$	等可能产生区间(a,b)之内任一个随机数	=a+RAND() * (b－a)
动态随机整数	等可能产生介于两个数 m 和 n 之间任一个整数	=RANDBTWEEN(m,n)
伯努利随机数	等可能产生 0,1 之中任一个数	=RANDBTWEEN(0,1)
$X\sim \mathrm{Exp}(\lambda)$	$f(x)=\begin{cases}\lambda e^{-\lambda x}, & x>0,\\ 0, & x\leqslant 0\end{cases}$	=EXPONDIST(x,λ,0)
$X\sim \mathrm{Exp}(\lambda)$	$F(x)=P(X\leqslant x)$	=EXPONDIST(x,λ,1)
$X\sim N(\mu,\sigma^2)$	$f(x)=\frac{1}{\sigma\sqrt{2\pi}}e^{-\frac{(x-\mu)^2}{2\sigma^2}}$	=NORMDIST(x,μ,σ,0)
$X\sim N(\mu,\sigma^2)$	$F(x)=P(X\leqslant x)$	=NORMDIST(x,μ,σ,1)
$X\sim N(0,1)$	$\Phi(x)=P(X\leqslant x)$	=NORMSDIST(x)
正态随机数		=NORMINV(RAND(),μ,σ)
二项分布随机数		=CRITBINOM(n,p,RAND())
伯努利随机数		=CRITBINOM(1,p,RAND())
行列式		=MDETERM(DATA)

注　矩阵“DATA1”与矩阵“DATA2”相乘用命令“=MMULT(DATA1,DATA2)”，求矩阵“DATA”的逆矩阵用命令“=MINVERSE(DATA)”，这涉及 Excel 中的数组运算，输入命令后要同时按住“Ctrl＋Shift＋Enter”，确定后才能得到结果，请参看有关文献.

参考文献

[1] 茆诗松，程依明，濮晓龙. 概率论与数理统计教程. 北京：高等教育出版社，2004.

[2] 宇传华. Excel 与数据分析. 北京：电子工业出版社，2002.

[3] 梁烨，柏芳，李嫣怡. Excel 统计分析与应用. 北京：机械工业出版社，2011.

[4] 王斌会. Excel 应用与数据统计分析. 广州：暨南大学出版社，2011.

[5] 张军翔，等. Excel 2010 函数·公式查询与应用宝典(第 2 版). 北京：机械工业出版社，2011.

[6] 郭民之，唐虹. Galton Board Experiment and Simulation in Excel. The 15th Global Chinese Conference on Computers in Education(GCCCE2011). 2011.

[7] 詹姆斯 R. 埃文斯，戴维 L. 奥尔森. 模拟与风险. 洪锡熙，译. 上海：上海人民出版社，2001.

[8] 王晓民. Excel 金融计算专业教程. 北京：清华大学出版社，2005.

[9] 姜启源，谢金星，叶俊. 数学模型. 北京：高等教育出版社，2003.

[10] Bernard Rosner. Fundamental of Biostatistics(7th). Cengage Learning, Inc., 2010: 327—343.

[11] 张涛. 用 Excel 进行质量成本预测——基于移动平均法[J]. 中外企业家，2011(6)：39—40.

[12] 颜柳，麻凤海. 三次指数平滑在城市地形变化预测中的应用[J]. 交通科技与经济，2007(5)：62—65.

[13] 霍敬伟，张文斌，马志锋，种庆. 指数平滑预测在我国居民收入水平中的应用[J]. 洛阳理工学院学报(自然科学版)，2010，20(4)：56—58.

[14] 王梓坤. 概率论基础及其应用(第三版). 北京：北京师范大学出版社，2007.

[15] 肖云茹. 概率统计计算方法. 天津：南开大学出版社，1994.

[16] 钱敏平. 应用随机过程. 北京：北京大学出版社，1998.

[17] 贾俊平，何晓群，金勇进. 统计学(第三版). 北京：中国人民大学出版社，2007.

[18] Excel Home. Excel 应用大全. 北京：人民邮电出版社，2008.